设计创新与实践应用

"十二五"规划丛书

建筑环境快题设计表现

张炜 杜娟 著

中国水利水电出版社
www.waterpub.com.cn

内 容 提 要

本书以丰富的实例详细地讲解了建筑环境快题设计表现的形式、技法、方法步骤、实训及案例，全书共4个单元，内容包括：建筑环境快题设计表现形式，建筑环境快题设计表现特征，建筑环境快题设计表现技法，建筑环境快题设计训练。

本书可作为高等院校建筑设计、环境设计、室内设计、园林设计等相关专业的教材使用，也可供建筑设计、环境设计从业人员参考使用。

图书在版编目（ＣＩＰ）数据

建筑环境快题设计表现 / 张炜，杜娟著. -- 北京 ：
中国水利水电出版社，2014.7
　　（设计创新与实践应用"十二五"规划丛书）
　　ISBN 978-7-5170-2227-5

Ⅰ. ①建… Ⅱ. ①张… ②杜… Ⅲ. ①环境设计－高
等学校－教材 Ⅳ. ①TU-856

中国版本图书馆CIP数据核字(2014)第147674号

书　　名	设计创新与实践应用"十二五"规划丛书 **建筑环境快题设计表现**
作　　者	张炜　杜娟　著
出版发行	中国水利水电出版社 （北京市海淀区玉渊潭南路1号D座　100038） 网址：www.waterpub.com.cn E-mail：sales@waterpub.com.cn 电话：（010）68367658（发行部）
经　　售	北京科水图书销售中心（零售） 电话：（010）88383994、63202643、68545874 全国各地新华书店和相关出版物销售网点
排　　版	北京时代澄宇科技有限公司
印　　刷	北京博图彩色印刷有限公司
规　　格	210mm×285mm　16开本　12.5印张　290千字
版　　次	2014年7月第1版　2014年7月第1次印刷
印　　数	0001—3000册
定　　价	49.00元

| 前 言

　　建筑环境快题设计表现是建筑学、环境设计、园林等专业学生需要掌握的一项重要技能。在社会实践中，快题设计通常作为入学考试、应聘等考察与衡量应试者的设计与表达能力的重要手段。建筑环境快题设计表现图是一种规范化、符号化和模式化相结合的设计表现手法，它是在设计过程中，徒手对设计思维进行探讨性表达和对设计效果进行预期表现的一种快速绘图手法。这种快速是以对表现内容的形体、色彩、质感等本质特征给予高度概括为前提的。客观地说，快题设计可以较全面地反映设计者的专业综合素质，包括设计水平、表现技巧、思维广度，甚至应变能力和心理素质，等等，因此对培养学生的创造性思维、提高其设计水平与审美情趣、训练灵活的表达能力都有着重要的意义。

　　然而，当前许多高校缺少这方面的专业课程，相关参考书籍也较少。为了提高学生考研和就业时所必备的专业综合技能，我们编写了这本书，系统、详细地讲解了建筑环境快题设计的方法步骤、表现技法以及一些应试技巧，同时对部分例图进行了分析与点评。

　　本书编写过程中，承蒙我们的好友王萍、邓庆坦老师大力支持。书中图片主要来自作者辅导的山东建筑大学艺术设计、建筑学、园林专业学生的作品，少量图片引用自参考文献，由于种种原因，未能与原图作者取得联系，敬请谅解。在此表示衷心的感谢！研究生孔莹、白洁、樊迪积极参与了编写工作。对于这些帮助，我们十分感激。

　　本书的出版还得到了中国水利水电出版社编辑的大力支持与帮助，在此表示由衷的感谢！

本书在语言表达、技法解读和理论分析等方面可能还存在浅陋之处，敬请教育界和设计界的专家与同行以及广大读者，多提宝贵意见，不吝赐教，以便我们修改、补充，进一步完善。

张炜　杜娟

2014 年 4 月

| 目 录

目录

| 单元4 建筑环境快题设计训练

单元1　建筑环境快题设计表现形式

　　一套较完整的建筑环境快题设计表现图主要包括平面图、立面图、透视图等，它是一种图面表达方式。本单元主要介绍建筑环境快题设计中的平面图、立面图、透视图的基础知识。

1.1　平面表达

　　建筑平面图简称平面图，是建筑物各层的水平剖切图，既表示建筑物在水平方向各部分之间的组合关系，又反映各建筑空间与围合它们的垂直构件之间的相关关系。

　　根据所布置的对象范围，平面图可分为建筑总平面图、单体建筑平面图、设备平面图以及地下网络平面图等。这里主要围绕建筑环境平面图进行陈述，如图 1.1.1、图 1.1.2 所示。

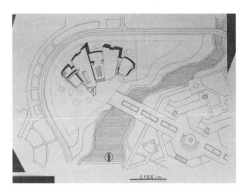

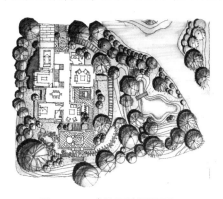

图 1.1.1　建筑环境平面图一　　　　　　图 1.1.2　建筑环境平面图二

1.1.1 建筑平面图

1. 建筑平面图的概念

平面图是假设在建设区的上空向下投影所得的水平投影图，是将新建工程四周一定范围内的新建、拟建、原有和拆除的建筑物、构筑物连同其周围的地形、地物状况用水平投影方法和相应的图例所画出的图纸。

2. 建筑平面图的内容

建筑平面图的内容包括：新建建筑物层数、建筑所处的位置及地形；表示新建建筑底层室内外整平地面的绝对标高；表示相邻建筑及拆除建筑的位置和范围以及附近的地形地物，如道路、河流、水沟、池塘、坡地等；表示建筑朝向及园林规划等，如图 1.1.3 ～ 图 1.1.6 所示。

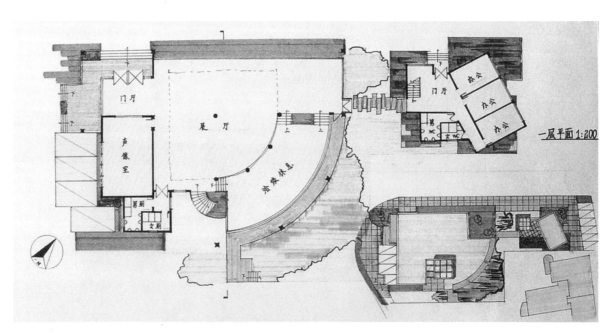

图 1.1.3　展览中心建筑平面图方案

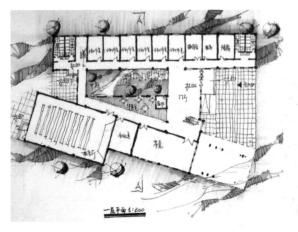

图 1.1.4　会所设计建筑平面图方案

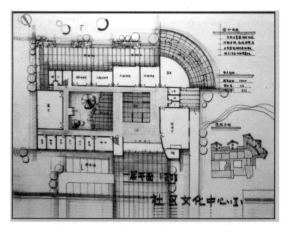

图 1.1.5　社区文化中心建筑平面图

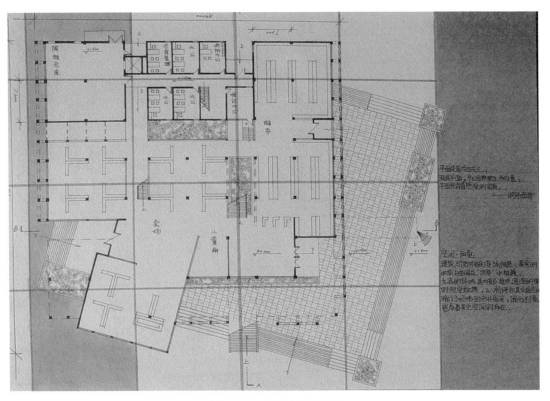

图 1.1.6　超市建筑平面图

3. 建筑平面图的表达

按适合的比例绘图并标明图名、图例；标注拟新建建筑的位置、层数、标高；标注拟新建建筑的朝向、风向及园林布局；标注建筑及道路的给排水、供电位置。

1.1.2　室内平面图

1. 室内平面图的概念

室内平面图是用距地坪面 1.5m 左右、平行于地坪面的切面并将建筑顶面移去而形成的正投影图，如图 1.1.7、图 1.1.8 所示。

2. 室内平面图的内容

室内平面图的内容包括：表示室内的空间组合及功能关系；表示室内的空间大小、形状、门窗位置；表示家具等陈设物的平面布局；表示室内的高差关系、地面铺装和顶面装饰，如图 1.1.9、图 1.1.10 所示。

3. 室内平面图的表达

通常用 1∶50、1∶100、1∶200 等合适的比例绘制；标明轴线位置、尺寸及地面标高；绘制并注明陈设布局、地面铺装、顶面装饰等设计内容；标注空间划分的构件材料、尺寸、地面用材，如图 1.1.11 ～图 1.1.14 所示。

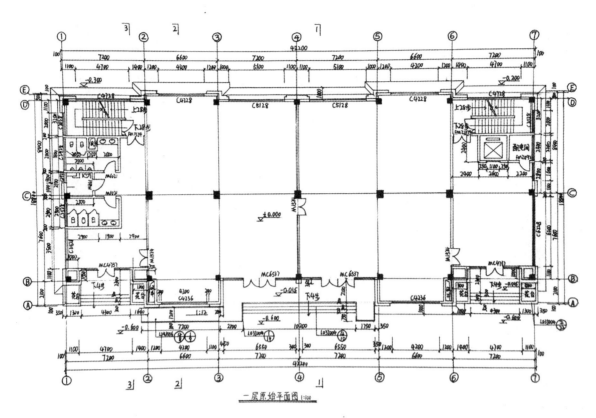

图 1.1.7　一层室内平面图

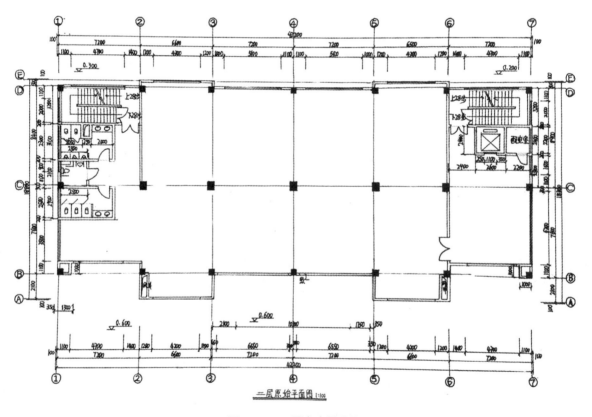

图 1.1.8　二层室内平面图

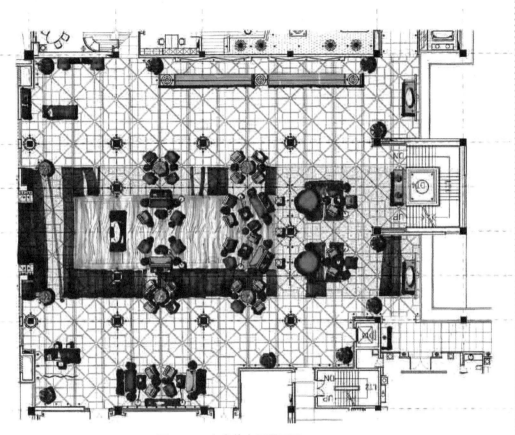

图 1.1.9　大堂休息区平面图

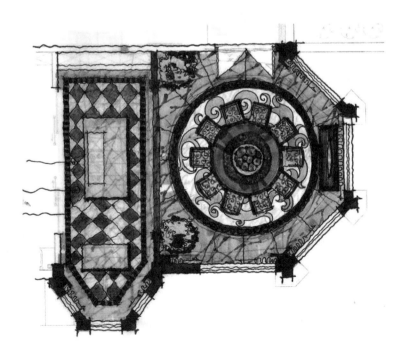

图 1.1.10　餐饮包间平面图

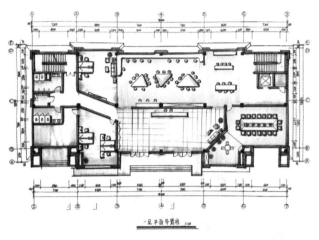

图 1.1.11　办公空间一层平面布置图

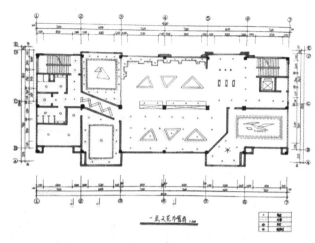

图 1.1.12　办公空间一层顶棚布置图

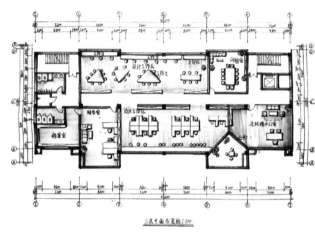

图 1.1.13　办公空间二层平面布置图

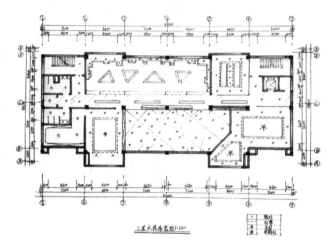

图 1.1.14　办公空间二层顶棚布置图

1.2　立面表达

立面图是各墙面分别向与其平行的投影面做正投影得到的投影图，根据所表现的对象不同，主要分为建筑立面图和室内立面图。

1.2.1　建筑立面图

1. 建筑立面图的概念

建筑立面图是在与建筑立面相平行的投影面上所作的正投影图，表达建筑物外貌及外墙面的装饰材料。

2. 建筑立面图的内容

建筑立面图的内容包括：表示建筑外墙装饰、工艺、材料等；表示如门窗、阳台、雨篷、烟囱等建筑外观的位置、形状及标高尺寸。

3. 建筑立面图的表达

标明建筑外墙、门窗形式、细部构件等的装饰、尺度、形式等；标明建筑立面可见轮廓；注明建筑标高及各主要部位，如室外地坪、窗台、阳台、雨篷、女儿墙顶、屋顶等的相对高度，如图 1.2.1 ～图 1.2.4 所示。

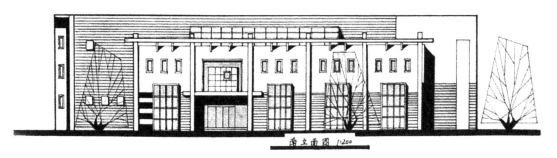

图 1.2.1　某建筑南立面图

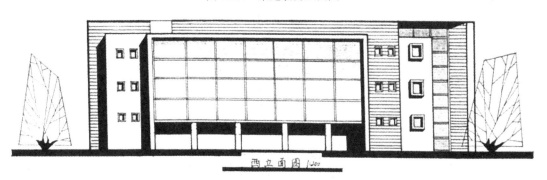

图 1.2.2　某建筑西立面图

图 1.2.3　建筑立面表现图一

图 1.2.4　建筑立面表现图二

1.2.2 室内立面图

1. 室内立面图的概念

室内立面图通常是以平行于室内墙面的切面，切去前部而形成的正投影图。

2. 室内立面图的内容

室内立面图的内容包括：表示室内空间布局的标高及材料；表示门窗位置及标高；表示垂直界面及空间划分构件的形状及大小；表示室内陈设在立面上的关系。

3. 室内立面图的表达

室内立面图绘制比例通常要与室内平面图相同，有时也需绘制放大的立面图，以便更清晰地表达设计内容，注明各构件及陈设物的标高、顶棚距地面的尺寸，绘制门窗位置及尺寸，绘制室内垂直界面造型、空间划分构件与室内陈设等的形状、大小、材料等，如图 1.2.5 ~ 图 1.2.8 所示。

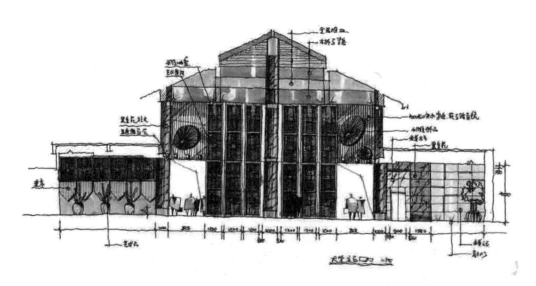

图 1.2.5　某大堂室内立面图

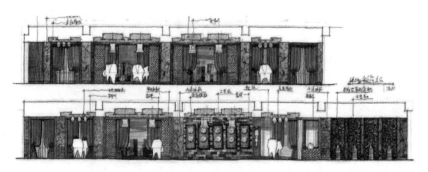

图 1.2.6　某廊道立面图

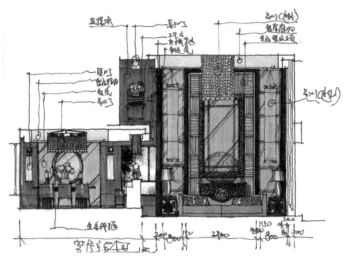

图 1.2.7　某客房立面图

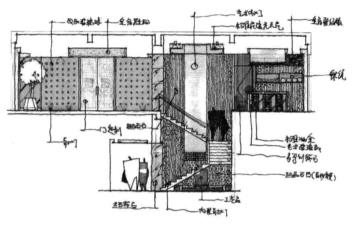

图 1.2.8　某楼梯立面图

1.3　透视表达

透视效果图能逼真地表现设计内容，它直观简便，是最具表现力的视觉表达形式。这里主要介绍透视效果图中几种简单实用的快速成图方法。

1.3.1　一点透视图

一点透视图又称为平行透视图，其特点是空间或物体的一面与画面平行，其他与画面垂直的诸线汇集于视平线中心的灭点上与心点重合。

一点透视方式容易使人联想到经典的对称式构图，较适合庄重、严肃的环境空间表现，能显示设计对象的正面细节，表现范围广，纵深感强，但比较呆板，如图 1.3.1 ～图 1.3.4 所示。

图 1.3.1　某建筑的一点透视图

图 1.3.2　某建筑景观的一点透视图

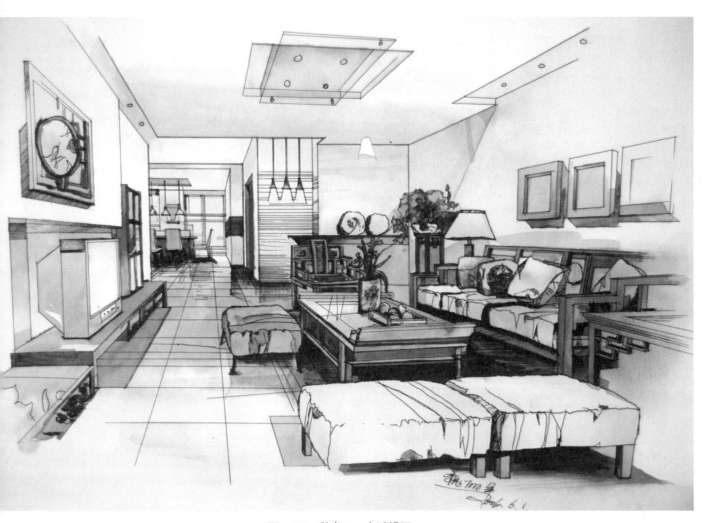

图 1.3.3　某客厅一点透视图

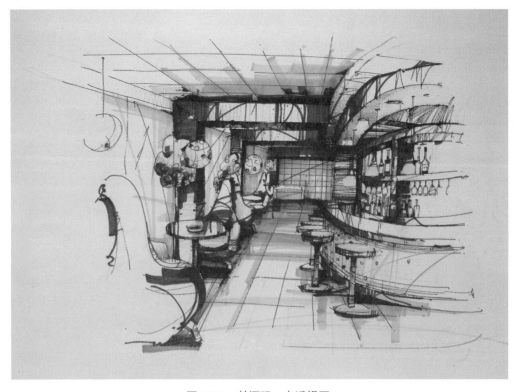

图 1.3.4　某酒吧一点透视图

1.3.2 两点透视图

两点透视图又称为成角透视图，其特点是空间或物体的立面与画面呈斜角，其他诸线条分别消失于视平线左右两个灭点上，斜角较大的一面的灭点距心点近，画面表现范围较大，但若角度选择不好，易产生变形。

两点透视图由于同视平面产生角度而形成强烈的立体感和角度处理的灵活性，使其对于设计对象的表达更加细微、精确。物体的形态、空间感觉以及周边环境因素都能得到很好地表达，视点的前后推移还可形成近实远虚的景深层次感，如图 1.3.5 ~ 图 1.3.8 所示。但实际运用中要注意远近距离的控制和侧面面积和位置的经营，以避免构图中"满"、"乱"、"偏"、"小"的问题。

图 1.3.5　注重景深变换的两点透视图

图 1.3.6　某建筑外观两点透视图

图 1.3.7　厅堂两点透视图

图 1.3.8　卧室两点透视图

1.3.3 鸟瞰透视图

鸟瞰透视图是将视点提高的三点透视图，一般用于表现较大的空间环境和建筑群体。

鸟瞰透视构图以纵向移动视角作为透视构图的原则，是视点立体运动的观察方法，在表现场景的完整性上更能发挥它的特点。所谓"一览无遗"就是指视点的向下移动，而使表现图具有高度感、宏大感，如图 1.3.9～图 1.3.12 所示。

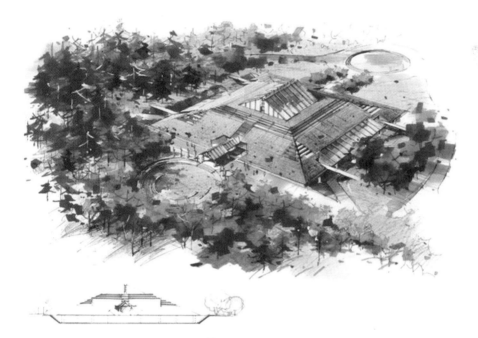

图 1.3.9　某生态建筑鸟瞰透视图

图 1.3.10　某公园鸟瞰透视图

图 1.3.11 圣彼得大教堂鸟瞰透视图

图 1.3.12 某建筑鸟瞰透视图

1.3.4　轴测透视图

　　轴测透视图通常能反映出空间环境整体全貌，一般运用平面图并确定 Z 轴来绘制。正轴测图是保持 Z 轴垂直，将平面图旋转 30°绘制而成；斜轴测图是将 Z 轴倾斜 30°，保持平面图不动绘制而成，如图 1.3.13 ～图 1.3.16 所示。

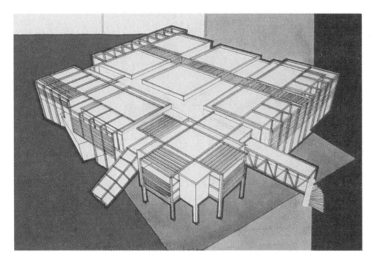

图 1.3.13　一览无遗的轴测透视图

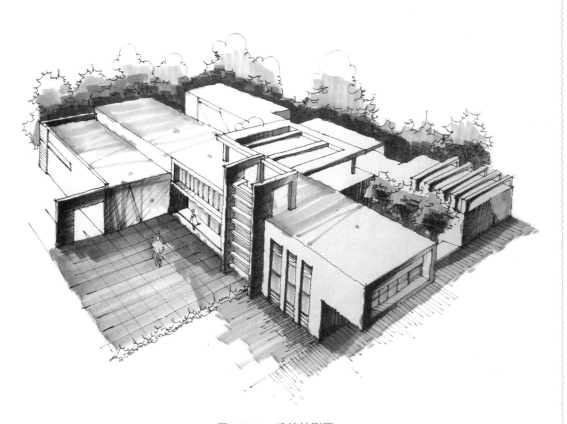

图 1.3.14　建筑轴测图一

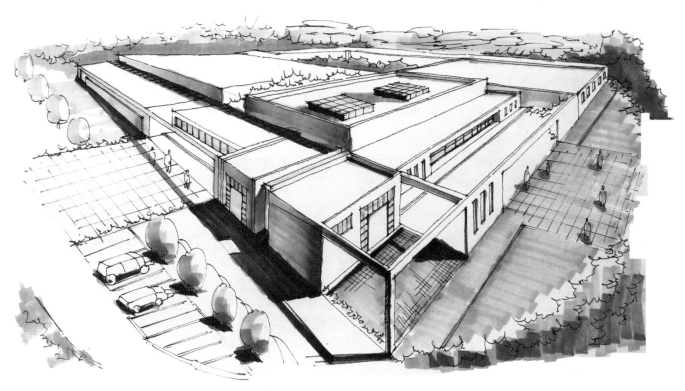

图 1.3.15　建筑轴测图二

图 1.3.16　某建筑方案轴测透视图

单元 2 建筑环境快题设计表现特征

　　建筑环境快题设计表现图是对建筑环境装饰、设施、空间形体、设计布局的表达，是一种直观、形象的图示语言，通过图面表达设计意念，其中可添加工程图所无法体现的信息，如体量感、空间感、光感、材质感等。建筑环境快题设计表现图是一种快速设计表达语言，从语言学的角度来看，它首先应具备被人解读的形象、形式、内容，其次应具备对空间形体、色调、材料等的规划与设计。这就要求表现图表达应具有仿真性、艺术性、概括性、说明性等特征。

2.1 仿真性

　　设计的目的是将设计概念、构想体现于现实的空间与形体的存在之中。因设计的概念存在先于物体的实际存在，就要求设计表现图具有供人判断的仿真性。如设计表现与未来存在有很大的差异，便失去了它的价值。仿真与写实不同，在真实空间中，由于视点的局限和不可避免的形体间的相互遮挡，往往难以获得理想的视域和视角。在建筑环境快题设计表现中，若从一个固定点来表现，常常需要对形体进行人为处理。例如，把遮挡视线的部分墙柱去掉或做透明处理。有许多视点在现实中是不可能获得的，因而需要从一种虚拟角度向人们进行说明性的展示，以便获得最佳表达效果，如图 2.1.1 ～图 2.1.3 所示。

　　表现图应当遵循工程制图中的内容进行表现。表现图不同于一般绘画形式，它是人

(a) 实景

们预示未来建筑环境效果真实存在的窗口，因此，用艺术的语言来模拟真实的现象，经过科学的处理表现，呈现出较为真实的环境空间形式，使画面效果具有感染力，这才是效果图表现仿真性特点要达到的目的。

(b) 设计表现图

图 2.1.1　建筑环境的效果表现

(a) 写实图

(b) 设计表现图

图 2.1.2　建筑环境表现图要具有真实性

(a) 写实图

(b) 设计表现图

图 2.1.3　建筑环境表现图与写实图的比较

2.2 艺术性

建筑环境快题设计表现图的本质是对一种设计规划的"视觉解释",透过它来了解一种对未来存在的实体与空间形态的创意策划。表现图的性质决定了它具有应用与欣赏的双重功能,同时也包含了工程逻辑性和艺术情趣两种语言。表现图中包含了大量的绘画语言,是设计师在个人性格、审美观念、审美趣味等方面追求的一种流露和体现。设计表现图的作用就在于运用了艺术和技术的手段把抽象化的设计语言转换为形象化的视觉语言。环境的相对稳定性和光线、配景、反射度等现象会随着条件而改变,表现图是运用情境化的手段,在仿真的前提下对情境的一种夸张渲染,如图 2.2.1 ~ 图 2.2.4 所示。表现语言与选用的媒介关系十分密切,使用不同的表现工具则需要有最适合于这些工具的作画技巧以突出表现力度。但是个性是一种比表述更深的层次,个性并不是表现图所要达到的主要目的,那些以任何夸张歪曲的手法来追求个性而忽视效果的真实表现,是不可取的。

图 2.2.1 色粉笔在色卡纸上的艺术表现效果

图 2.2.2 运用光影效果突出表现图的艺术性

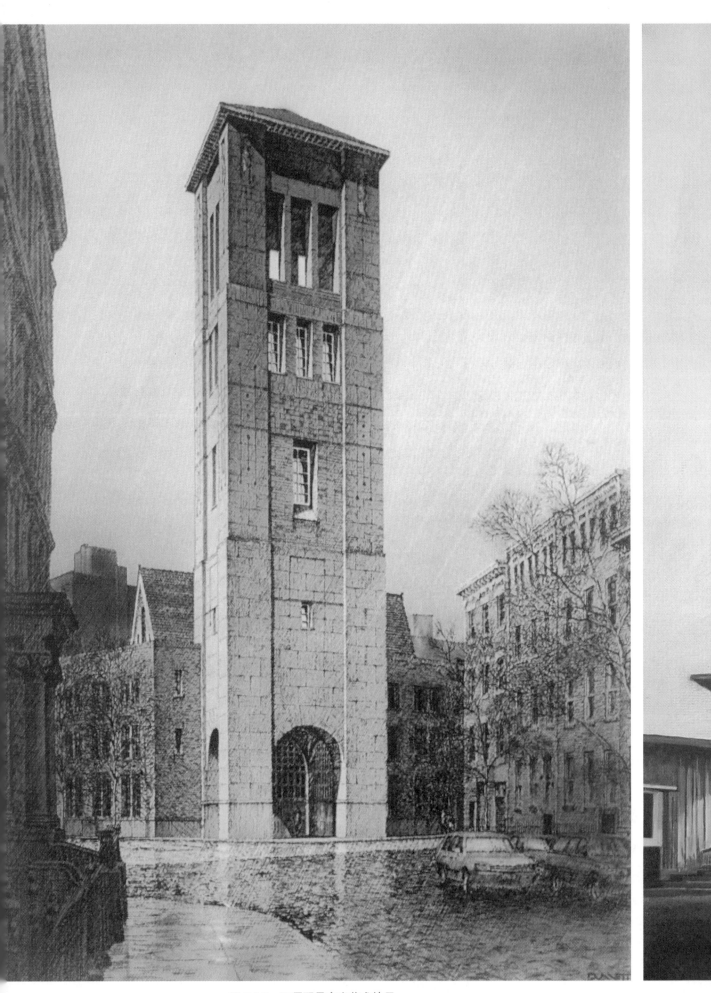

图 2.2.3　运用配景突出艺术效果

建筑环境快题设计表现

单元 2
建筑环境快题设计
表现特征

024
025

图 2.2.4　水彩表现的艺术效果

2.3 概括性

　　建筑环境设计表现将建筑环境空间的本质特征归纳成具有符号特征和形象化特点的简练语言。它既能说明建筑环境空间的本质，又能说明其形象特征，使人较容易感受到设计所包含的造型、质地和色彩等因素，如图 2.3.1 所示。例如，大理石在特定的画面表现中，通过绘制出一定的纹理和倒影，以此喻示为地面材质的特征，如图 2.3.2 所示。

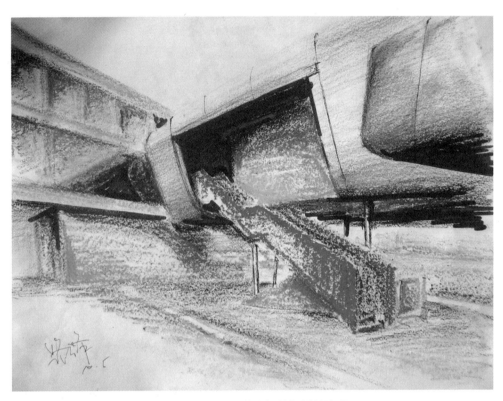

图 2.3.1　建筑环境空间的概括性处理

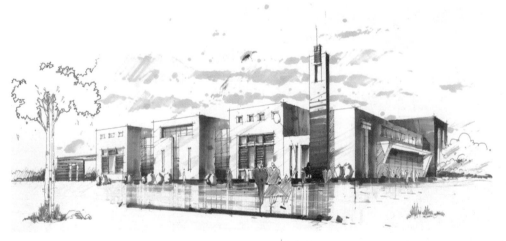

图 2.3.2　地面的概括性处理

2.4 说明性

建筑环境设计表现图具有图形与文字说明性，使人们能够清楚地认知图画内容。在具体方案的设计过程中，设计者要通过多张图纸表述出设计的意图，其中草图、透视图、表现图等都可以起到说明目的。尤其是透视表现图，可以充分地表现出设计方案的造型、布局、色彩、材质等，而且还能表现出"只能意会不可言传"的艺术氛围。此外，表现图除了具备引导使用者对空间效果进行联想的功能外，还要表达出细节信息，如有时要用文字直接在图中标示出材质种类和花样造型等，如图 2.4.1 ~ 图 2.4.9 所示。

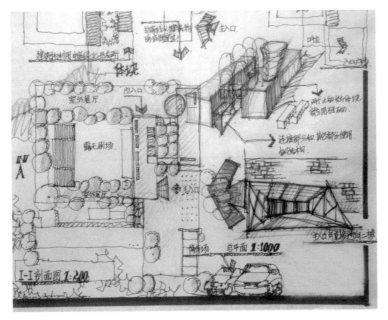

图 2.4.1　建筑环境设计草图一

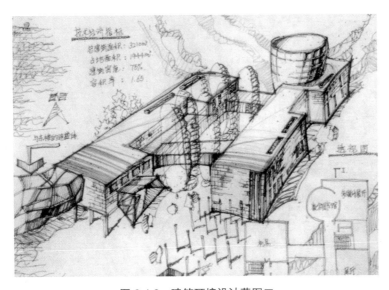

图 2.4.2　建筑环境设计草图二

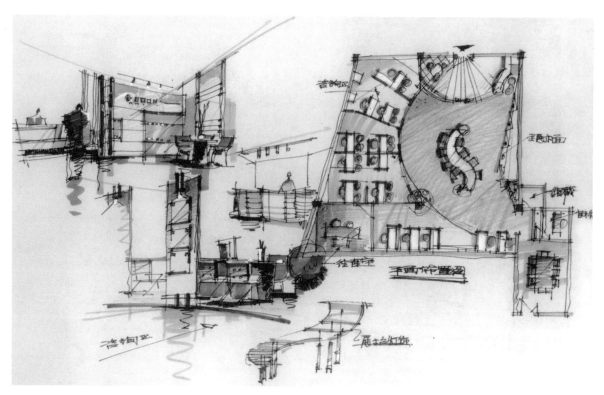

图 2.4.3　室内环境设计草图一

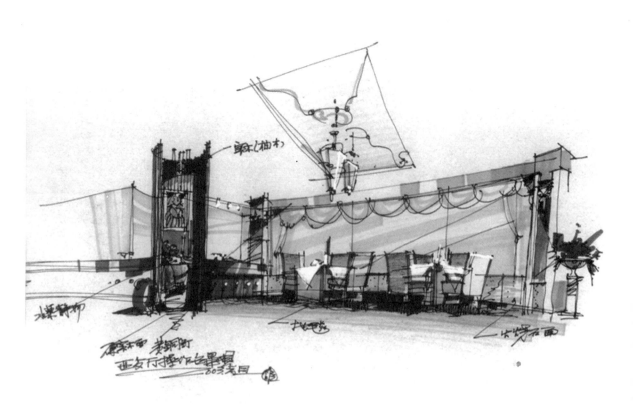

图 2.4.4　室内环境设计草图二

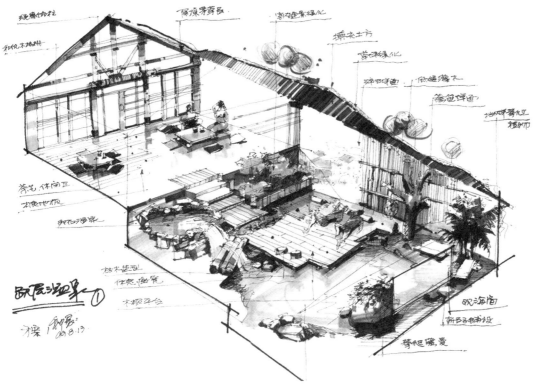

图 2.4.5　室内环境设计草图三

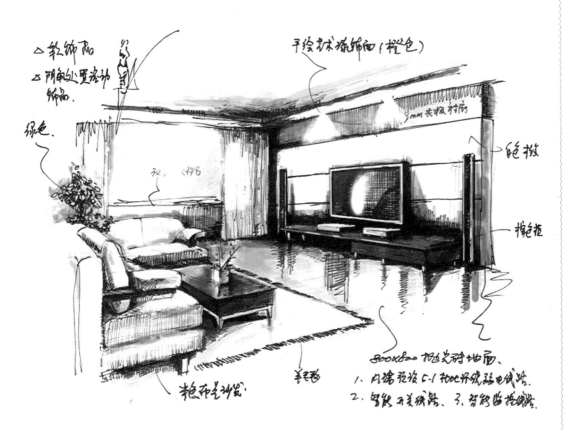

图 2.4.6　室内环境设计草图四

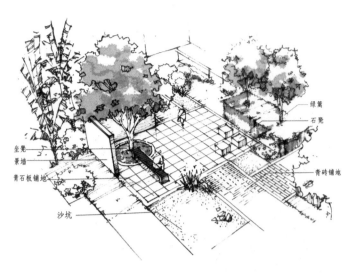

图 2.4.7　景观设计草图

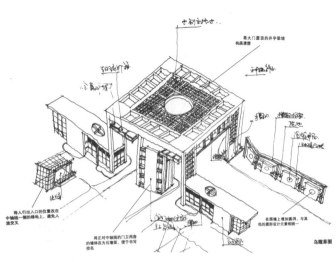

图 2.4.8　大门设计草图

图 2.4.9　建筑设计草图

单元 3　建筑环境快题设计表现技法

　　设计师的想象不是纯艺术的幻想，是运用设计专业的特殊绘画语言把想象表现在图纸上的过程，将想象通过科学技术转化为实际有用的产品，需要将想象先加以视觉化，因此设计师必须具备良好的绘画基础和一定的空间立体想象力。只有拥有精良的表现技术，才能得心应手地充分表现空间形色与质感，使人们产生视觉共鸣。因此，加强设计表现的技法训练，提高设计表达能力是每一位设计者必须经历的过程。

3.1　基础与训练

3.1.1　构图

　　构图也称为布局，是指在平面中对画面结构和各种成分进行组织、安排、研究、分析、归纳的结果。设计表现构图是在特定的原则基础上，在有限的画面内把设计构想传达给观者。因此我们在设计构图表现时，应充分把握以上特点，从中找出规律，把设计转化为具体形象。

　　1. 形式构图

　　形式构图就是在设计表现中根据已有的设计形态进行构图处理，表现时要善于发掘设计形态自身所具有的形式美潜力。例如建筑的高低错落、景观的层次变化、室内陈设集合形态的构成等，这种由设计本身引出的构图原则往往最合理，也更契合完成设计最终目标的要求。

　　水平式构图给人以平稳、宽广的感觉；垂直式构图让人感受到雄伟、高大的气派；斜线式构图具有运动感、速度感；曲线式构图具有优美、柔和的效果；其他如三角形构图、四边形构图给人以稳固、安定的感觉，这些极具情感审美的因素在设计表达构图把握中具有重要指导意义。此外，还应看到形式构图不是简单、呆板的拼凑，而是要将其融入设计命题内在的意境中，使它能更好地为设计表现服务，如图 3.1.1 ~ 图 3.1.5 所示。

图 3.1.1　形式构图

图 3.1.2　三角式构图

图 3.1.3 水平式构图

图 3.1.4 垂直式构图

图 3.1.5　斜线式构图

2. 位置构图

运用绘画构图中经营位置的理念，在设计表现构图中，依据审美感觉，确定画面位置、大小、比例关系，是解决画面构图问题的一种方法。通过对图形区域与地形区域合理安排组织，以创造构图中"你中有我，我中有你"的交融形式，使构图语言更加丰富，形式更为多样。在具体的使用中要注意以下三个关系。

（1）主体与附属之间的位置关系，如图 3.1.6 所示。

（2）主体与背景之间的位置关系，如图 3.1.7 所示。

（3）主体与地面之间的面积关系，

图 3.1.6　主体与附属之间的位置关系

如图 3.1.8 所示。

注意把握以上关系是处理好设计表现构图的重要因素。

图 3.1.7 主体与背景之间的位置关系

图 3.1.8 主体与地面之间的面积关系

在构图中应避免对其中任何一部分的过分追求，以防止出现主体的堆砌和其他部分的零乱。只有主次分明，才能相得益彰，最终达到最佳表现效果。

3.1.2 色彩

色彩是设计表现图的重要表现内容，直观生动，视觉形象鲜明。恰当的明暗与色彩，可完整体现出空间形体。色彩选择首先要考虑强化画面艺术效果，其次要注意环境季相、光影等色彩表现，要注重"色彩构成"基础知识的学习和掌握，注重色彩物理与心理感受之间的关系，注重各种上色技巧以及绘图材料、工具和笔法的运用。

1. 色调对比

色调对比能产生从微妙到戏剧化的变化。如图 3.1.9 所示的色盘，所选中的任何一种颜色都和相邻的颜色有一定关系：相邻两色形成对比很小的称为"类比色调"；两色间隔越大，形成的对比越大，对角相对的两种颜色称为"互补色调"。任何两种颜色放在一起，每一种都会微妙地影响另一种，各种颜色数量、质量和接进度的不同运用，将产生独特的从属关系和张度，整幅图画中各种颜色彼此微妙作用出多种效果，这对于设计表现有着非凡的意义。因此，在落笔之前，要设想出每套颜色的安排，先在草稿上组合，再在构图完成后添加到相应位置。

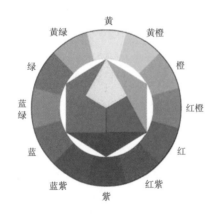

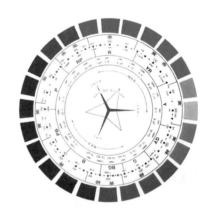

图 3.1.9　色盘

图 3.1.10　冷暖对比

2. 冷暖对比

一个色盘可以分成冷暖两半颜色。色盘中，这种分区的分界线介于互补的绿色调和红紫色调之间。这两种色调既可当作暖色调，也可当成冷色调。暖色能提升所绘建筑环境的视觉温度，有扩张效果，冷色则相反。暖色物体似乎主动靠近观图者，在视觉心理上更为亲切，而冷色则显得更为被动，有距离感，如图 3.1.10 ~ 图 3.1.12 所示。

图 3.1.11　木栈道、灯具与草地、水池的冷暖对比

图 3.1.12　建筑与配景的冷暖对比

图 3.1.13　明度对比

3. 明度对比

色彩明度对比是产生色彩组合效果的一种最有效的方法。与颜色的其他维度一样，组合中对颜色的明度范围大小的限制可宽可窄。明度对比也是清晰表现设计意图的一个重要技法，从极深到极淡变化的明度组合颜色会瞬间抓住看图者目光，使画面表现出空间深度，更富吸引力，如图3.1.13 ~ 图 3.1.15 所示。

图 3.1.14　水面与建筑的色彩明度对比

图 3.1.15　建筑与树木的色彩明度对比

4. 纯度对比

　　组合中的纯度对比有助于表现画面组合的情感效果。强纯度颜色能使人兴奋，较适合儿童用房、零售店和娱乐场所；中—弱纯度的颜色让人放松、平静，适合住所、办公室等场所，如图 3.1.16 ~ 图 3.1.18 所示。

图 3.1.16　纯度对比

图 3.1.17　卖场的强纯度对比

图 3.1.18　江南庭院的弱纯度对比

我们经常选择大面积的、能和自然色融合的中一弱纯度颜色描绘室内外环境，使用少量的强纯度颜色表现画面其他部分。

3.2 材料与手法

快题设计的表现手法很多，每一个人都可以根据自己对不同材料掌握的熟练程度，灵活运用。现在许多表现往往是多种材料、工具与技法的综合运用。由于建筑环境的功能不同，设计师对空间环境与功能需求的设计一般要根据构思的繁简、选用材料的不同，选择适当的工具、材料和表现手法来表现。

3.2.1 彩铅表现

彩色铅笔是表现图常用的作画工具之一，具有使用简单方便、色彩稳定、容易控制的优点，常常用来画效果图的草图，平面、立面的彩色示意图和一些初步的设计方案图。彩铅画法是一种相对比较容易掌握和控制的技法，表现效果简洁、概括。绘制时，可以选择以明暗为主，或者以线条为主，也可以二者兼顾。通常，彩色铅笔不会用来绘制展示性较强、画幅比较大的效果图。

1. 材料工具

彩色铅笔有水溶性、非水溶性两类，有 6 色、12 色、24 色、36 色、72 色等，如图3.2.1、图 3.2.2 所示。一般来说，含蜡较少、质地细腻的彩色铅笔为上品，含蜡较多的彩色铅笔不易画出鲜艳的色彩，容易"打滑"，不易刻画出丰富的层次。彩色铅笔的混色主要是用不同颜色的铅笔叠加实现的，反复叠加可以画出丰富而微妙的色彩。

图 3.2.1　水溶性彩色铅笔

图 3.2.2　非水溶性彩色铅笔

2. 表现技法

　　使用彩色铅笔作画应尽量少用橡皮。彩色铅笔表现技法同普通素描铅笔一样，易于掌握，但彩铅的笔法更从容、独特，可利用颜色叠加产生丰富的色彩变化，具有较强的艺术表现力和感染力，如图3.2.3、图3.2.4所示。

图3.2.3　彩色铅笔表现的建筑效果

图3.2.4　彩色铅笔表现的建筑景观

彩铅有以下 3 种表现形式。

（1）在墨线稿的基础上，直接用彩色铅笔上色。着色的规律由浅渐深，用笔要有轻、重、缓、急的变化。

（2）在马克笔的背景中使用彩色铅笔，不但可以改变背景的颜色，还可以在背景上加入不同的纹理效果，如图 3.2.5、图 3.2.6 所示。利用画纸粗糙的肌理，用彩铅笔尖的侧面进行涂色，可在画面形成粗糙的肌理感，如图 3.2.7 所示。

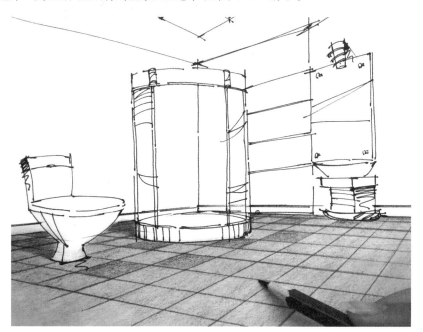

图 3.2.5　在墨线稿上，直接用彩色铅笔由浅入深地上色

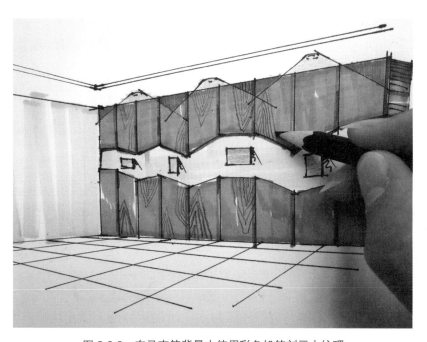

图 3.2.6　在马克笔背景中使用彩色铅笔刻画木纹理

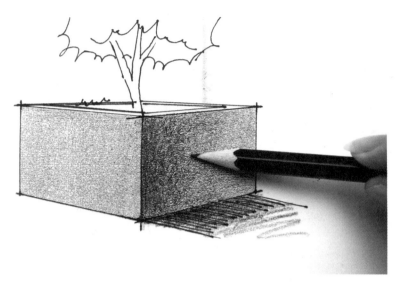

图 3.2.7　利用纸张肌理，产生材料的粗糙效果

（3）沿着纸的边缘运笔或利用三角板、直尺的边缘来停笔，可形成边缘轮廓。

3.2.2　钢笔表现

钢笔表现是一种相对比较容易掌握和控制的技法，通常用一种单色表现多种不同层次的明暗调子和肌理效果，视觉冲击力较强，既可以绘制得简洁、概括，也可以画得极为精致、细腻。

1. 材料工具

钢笔有针管笔、签字笔、速写笔等种类，笔尖有不同粗细、从 0.1 ～ 1.2mm 的各种不同规格。在设计制图中至少应备有细、中、粗三支钢笔，如图 3.2.8 所示。

使用钢笔时应注意以下事项。

（1）钢笔作图顺序应依照先上后下、先左后右、先曲后直、先细后粗的原则，运笔速度及用力应均匀、平稳。

（2）用较粗的钢笔作图时，落笔及收笔均不应有停顿。

（3）在用钢笔表现时要先确定好起与止的位置，画长线未必要直，也不必求快，可以多笔完成，这并不会影响画面效果。

图 3.2.8　针管笔

2. 表现技法

在钢笔表现中，我们可以利用笔触的粗细变化表达不同的效果，通过线条的疏密或不同方向的排列，或通过点密度的变化排列，产生明暗色调的变化。

在表现时应注意以下问题。

（1）作图开始先用铅笔勾画出形体的大体概貌，再用钢笔准确刻画。

（2）使用钢笔作画时尽可能选择绘图纸、卡纸
等质地较细腻的纸张。

（3）采用尺规绘制的钢笔表现图，规整挺拔、
干净利落，徒手绘制的表现图则自由流畅、活泼生
动，如图3.2.9、图3.2.10所示。

图 3.2.9　钢笔表现效果

图 3.2.10　钢笔表现

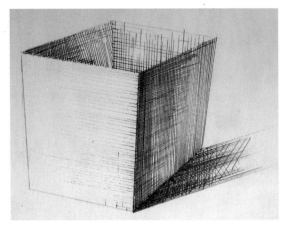

图 3.2.11　钢笔表现的明暗效果

1）明暗表现。

钢笔效果图的特点是利用有规律的线和线的排列组合、点和点的疏密来表现形体光影的浓淡变化。就线条的表现特性而言，细而疏的线条常表现受光面；粗而密的线条则表现背光和影面。钢笔表现的黑白明暗对比强烈，投影常采用较粗的垂直排线，亮部轮廓线从实到虚，并逐渐省略，与阴影部分形成统一的光影效果，中间过渡的灰色区域，更多地需要用笔的排线和笔触变化来实现，如图 3.2.11、图 3.2.12 所示。

图 3.2.12　钢笔线条的明暗表现

2）质感表现。

质感表现离不开对细部的刻画。常通过对线条的虚实、曲直、疏密的组合排列来表达材料的质地。常用略带曲折和断续变化的线条笔触表现木质效果；用较为细腻的线条和明显的反光处理表现带釉的陶器效果；用比较静止的刚劲有力的垂直线条表现金属效果；用粗细疏密变化的线条，按规律排列表现竹篮等编织物的效果，如图 3.2.13 ~ 图 3.2.15 所示。

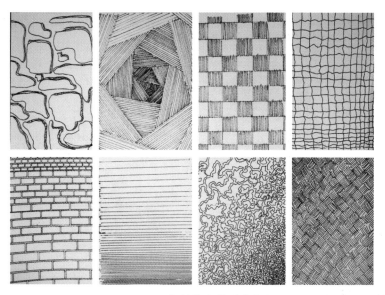

图 3.2.13　钢笔线条的质感表现

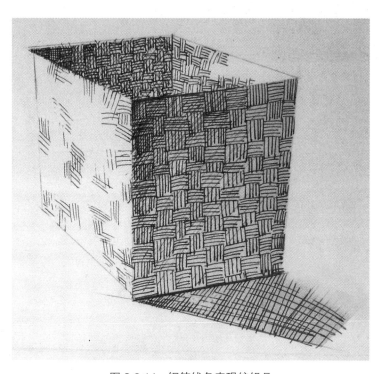

图 3.2.14　钢笔线条表现编织品

图 3.2.15　钢笔线条表现的不同质感

3）远近表现。

钢笔表现图中，线条、点排列密集，物体之间的距离感减弱，反之则强；粗线较临近，细线则退后；单纯的线条近，复杂的线条远，如图 3.2.16 所示。

在线条表现中宜根据不同的对象，运用透视关系、配景布局、构图角度、人物车辆的大小、画幅整体的疏密层次等来表现对象的空间属性，如图 3.2.17 所示。

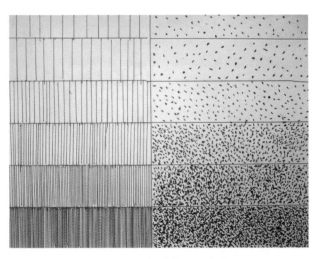

图 3.2.16　钢笔的远近表现

图 3.2.17　线条表现的空间属性

另外，钢笔表现还可以与彩色铅笔、马克笔等其他工具结合，形成表现力更加丰富的多种效果表现形式，如图 3.2.18 所示。

图 3.2.18　钢笔墨线图与马克笔结合

3.2.3　马克笔表现

随着现代设计的发展，人们对时间和工作效率的要求也越来越高。马克笔由于其色彩丰富、作画快捷、使用简便、表现力较强，而且能适合各种纸张，省时省力，被普遍认为是一种很好的快速表现形式。

1. 材料工具

马克笔的品种很多，有油性和水性两种类型，如图 3.2.19、图 3.2.20 所示。可供挑选的马克笔有上百种不同颜色，可根据自己的用色习惯和方式选择常用的笔号。

图 3.2.19　油性马克笔

马克笔的笔头大多呈方形、圆锥形，其色彩透明，其中方形适用于大面积上色，圆锥形适用于细部刻画，使用不同的笔法可以获得多种笔触表现效果。

大多数纸张都适合马克笔的运用，在表现时常选择卡纸、硫酸纸、复印纸等纸质结实、表面光洁的纸张作画。

2. 表现技法

马克笔主要通过各种线条的色彩叠加取得更加丰富的色彩变化，如图 3.2.21 ～ 图 3.2.24 所示。着色过程中需注意着色顺序，如若发现笔误，不宜修改，可采用色彩叠加或用水粉色、涂改液等不透明颜料覆盖；或者补新纸重新绘画。

图 3.2.20　水性马克笔

图 3.2.21　马克笔与涂改液结合的表现图

图 3.2.22　马克笔景观表现图

图 3.2.23　马克笔与水彩结合的表现图

图 3.2.24　用涂改液在马克笔底色中刻画的织物

通常，马克笔的表现技法有以下几种。

（1）在钢笔墨稿的基础上，直接用马克笔上色，着色过程中一般是先着浅色，后着深色，如图 3.2.25 所示。画面的色调越浅、尺寸越小，钢笔的墨线要越细。

(a) 钢笔墨稿上先用马克笔涂大面积底色   (b) 由浅入深地刻画细节

图 3.2.25　马克笔表现

（2）在运笔过程中，用笔的遍数不宜过多。在第一遍颜色干透后，再进行第二遍上色，而且要准确、快速。否则色彩会渗出而形成混浊之状，而没有了马克笔透明和干净的特点。

（3）用马克笔表现时，笔触大多以排线为主，有规律地组织线条的方向和疏密，排笔、点笔、跳笔、晕化、留白等方法可灵活使用，形成统一的画面风格。用笔、用色要概括，要有整体上色的概念，笔触的走向应统一，注意笔触间的排列与秩序，以体现笔触本身的美感，不可画得凌乱无序。

（4）用马克笔上色，不必拘谨，但要有受具体形体限定的约束，首先勾画出需要进行颜色填充的区域边界，然后再进行上色，在初次上色之后，按照和第一次运笔方向垂直的方向，再上一次颜色，用笔要随着形体的结构走，这样利于表现出形体感。形体颜色不要画得太满，特别是形体之间的用色，也要有主次和区别，要敢于留白，色块也要注意有大致的走向，以避免色彩的呆板和沉闷，如图 3.2.26、图 3.2.27 所示。

图 3.2.26　马克笔的排线练习

图 3.2.27　马克笔表现几何形体结构

（5）使用卡片、透明胶或其他材料作为框边或遮蔽，可以得到很整齐的边缘。用三角板、直尺等尺子画马克笔线，画面上常会留下一条黑色污线，用一条宽度 3cm 左右的纸板代替尺子，就可以避免上述问题，如图 3.2.28 所示。

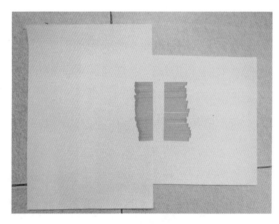

图 3.2.28　马克笔的边缘表现

3.2.4　综合表现

综合表现，顾名思义就是综合运用各类技法——钢笔、彩色铅笔、马克笔、水粉等表现技法相互结合，可以根据画面内容和效果以及个人喜好和熟练程度来运用。快速绘图对钢笔表现有很强的依赖性，要求线稿轮廓线清晰、准确，并表现出物体质感和立体光影效果。然后用彩色铅笔、马克笔略施色彩，强化素描关系，颜色简练，效果突出。在马克笔渲染的基础上，用水溶性彩色铅笔再进行细致、深入地刻画，高光、反光和个别需要提高明度的地方，采用水粉加以表现，利用各种颜料的性能特点和优势，使画面效果更加丰富、完美。但是"画无定式"，具体选用哪种表现技法，还是要视自己对各种技法的掌握程度来确定。

马克笔绘图时，可以先绘出画面的主要基色。如果想改变颜色，可以调整色调、明暗或者是色度，在原始基色上，使用其他颜色的马克笔、蜡笔或彩色铅笔再次刻画，就可以达到这一目的。

使用马克笔绘图时，靠近边界区域，可以使用笔尖较尖的一头小心描绘，同时不断用嘴吹干刚画的线条，可以降低颜色外溢。若颜色已超出边界，可使用与马克笔颜色近似的色铅对出界部分进行修复。在马克笔绘制的背景中使用蜡笔可以减弱背景中的条纹，马克笔的颜色和蜡笔可以产生调色作用，同时也可以改变最终的颜色，如图 3.2.29 ~ 图 3.2.34 所示。

图 3.2.29　水粉与彩色铅笔综合表现一

图 3.2.30　水粉与彩色铅笔综合表现二

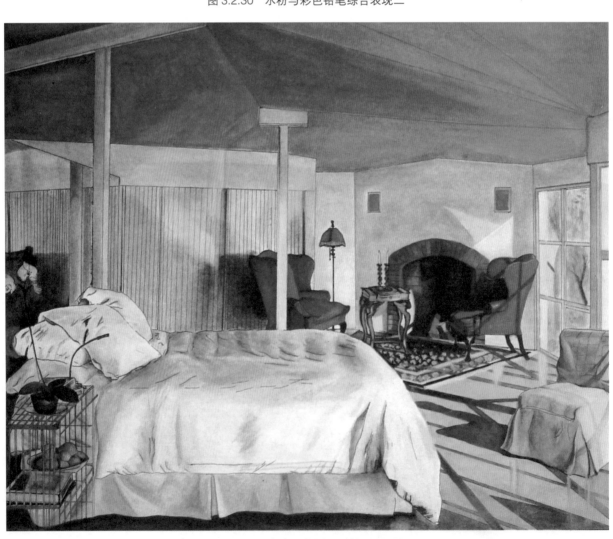

图 3.2.31　水粉与彩色铅笔综合表现三

图 3.2.32　马克笔与彩色铅笔综合表现一

图 3.2.33　马克笔与彩色铅笔综合表现二

图 3.2.34　马克笔与彩色铅笔综合表现三

3.3　效果与技法

最简单的图形比单纯的语言文字更富有直观的说明性。要表达设计意图，必须通过各种形式的图示说明，如草图、透视图、平立面图，尤其是色彩表现图，充分表达设计的形态、结构、色彩、质感、量感等，来达到说明目的。

建筑环境快题设计表现图涉及建筑、天空、地面、植物、水体等元素的表达，它们在一幅图画中往往处于瞩目的地位，直接影响着环境快题效果的表现。因此，在平时的训练中要将这些素材作为重点对象，系统地进行刻画练习，掌握各种表现手法和规律，从而提高效果表现的真实性与艺术性。

3.3.1　材质表现

材料质感的刻画在表现图中，占有举足轻重的位置。材料的多样化使设计师有了更多的选择，借此丰富呈现设计意图和创作理念。因此，掌握一些具有典型材质的表达方法是十分必要的。

1. 玻璃

玻璃在建筑环境中具有广泛的用途，光影变化丰富。玻璃一般分为透明、彩色、磨砂面、镜面，其表面特征有透明与不透明的差别，对光的反映十分敏感，表面平整光滑。可依据光线入射角度变化所呈现出的不同光影效果进行描绘，如图 3.3.1 ~ 图 3.3.3 所示。

图 3.3.1　玻璃材质表现

图 3.3.2　镜面玻璃材质表现

图 3.3.3　蓝色玻璃材质表现

玻璃的表现技法和表现效果总结如图 3.3.4 所示。

（1）表现玻璃时，要强调明暗变化，注重周围环境对它的影响。画透明或半透明玻璃要露出室内的物体，借助灰调处理玻璃后面的影像，加强真实感，并注意高光点的刻画。

（2）镜面与其所映射的景物，在形状、色彩上保持透视的对称性，镜面上的景物也要适当作光影表现。水粉画宜后加光影斜线的笔触，水彩、马克笔则应事先留出或用笔洗出映射的景物，以确保自然性。

（3）玻璃上的光影应随空间形体的转折变换倾斜方向和角度，并要有宽窄、长短以及虚实的节奏变化，同时也要注意保持所映射景物的相对完整性。

（4）画有框玻璃时，先画带有明度变化的底色，再画出玻璃窗框处的暗影，最后用不透明颜料进行玻璃暗部区的刻画。

2. 木质

木质纹理自然细腻，表现其效果时应该进行低调处理，不能破坏建筑整体效果。木纹刻画主要分树结状和平板状：树结状以一个树结开头，沿树结作螺旋放射状线条，线条从头至尾不间断；平板状线条流畅，疏密变化，节奏感强，在适当的地方作抖线描绘。木材的颜色因染色、油漆可发生

(a) 马克笔铺底色，表现玻璃材质的固有色

(b) 刻画富有变化的玻璃效果

(c) 玻璃光影注意映射景物的相对完整性

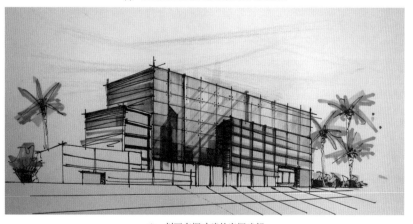

(d) 刻画有框玻璃的窗框暗部

图 3.3.4 玻璃材质的表现步骤

变化，变异后的颜色可大致归纳为偏黑褐色（如核桃木、紫檀木）、偏枣红色（红木、柚木）、偏黄褐色（樟木、柚木）、偏乳白色（橡木，银杏木）等，如图 3.3.5～图 3.3.8 所示。

图 3.3.5　木质材料的表现一

图 3.3.6　木质材料的表现二

图 3.3.7　木质材料的表现三

图 3.3.8　木质材料的表现四

木质的表现技法和表现效果总结如下：

（1）表现时先用马克笔绘制基色，然后为阴影区域上色，区分出明暗两个区域。上色过程中，注意由浅入深、水平运笔，如图 3.3.9(a) ~ (c) 所示。

(a) 用马克笔水平运笔，绘制木栈道的基色

(b) 强调阴影区域色

(c) 由浅入深，刻画出明暗区域

(d) 加入木材纹理，强调高光等细节

图 3.3.9　木质的表现步骤

（2）再使用马克笔或铅笔在基底上加入细节信息，进行亮部及暗部的木纹细节修饰。可在木质表面水平线条中间绘制点状效果，也可在水平线条之间，随意加入竖直的线条，如图 3.3.9(d) 所示。

（3）刻画竖直状的木质壁板时，马克笔上色应注意保持纵向运笔加以修饰。用浅色"辅助线"绘制宽木条和互搭壁板，在建筑外表面的外角下部、靠近窗户的地方，使用钢笔勾画互搭壁板的边缘线以及其他细节信息，如图 3.3.10 所示。

图 3.3.10　条状木质壁板的刻画效果

3. 金属材料

金属材料有各种颜色，表面的抛光效果也各不相同，有亚光、平光和纹理效果等。金属材料的基本形状为平板、球体、柱状等，通常金属材料都会存在不同宽度的接缝，随着光线角度的不同，接缝颜色可深可浅。金属表面会有镜面效果，造型形状决定了反射成像的形状。抛光金属体上的光线映射及环境在金属体上的影像变形有其自身的特点，平时要加强观察与分析，以便尽快掌握金属材料的表现规律。

金属的表现技法和表现效果总结如下：

（1）金属材质大多坚实光挺，为了表现其硬度，最好借助界尺的笔触，对曲面、球面形状的用笔也要求果断、流畅，如图 3.3.11 所示。

图 3.3.11　球面金属材质的表现

（2）受各种光源影响，金属材料的受光面明暗反差极大，并具有闪烁变幻的动感，刻画时用笔不可太死板，退晕笔触和枯笔有一定的效果；背光面的反光也极为明显，应特别注意在物体形体的转折处，对明暗交界线和高光进行夸张处理，如图 3.3.12 所示。

（3）金属通常会反射周围其他物体的颜色。金属材料表面越光洁，亮度越高，其对周围物体的明暗、形态的反射效果越清晰；表面被打磨得越粗糙，反射所成的影像越模糊，如图 3.3.13、图 3.3.14 所示。

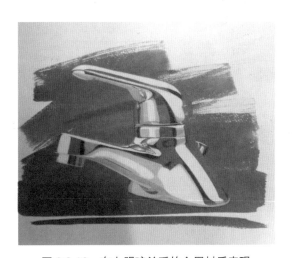

图 3.3.12　夸大明暗关系的金属材质表现

图 3.3.13　高亮度金属材质的表现

图 3.3.14　亚光金属材质表现

在表现金属材料时，通常用马克笔先做大面积底色铺设，再用较重的颜色加强暗部处理，然后用涂改液、白色蜡笔、铅笔或其他不透明颜料做高光及亮部刻画，最后处理天空、建筑、草地、陈设等周围环境的映射，突出金属材料的反光效果，如图3.3.15所示。

(a) 用马克笔铺底色，强调体积感

(b) 用色铅笔等刻画亮部反射区

图 3.3.15（一） 金属材料的表现步骤

(c) 用马克笔添加金属固有色

(d) 刻画周围环境映射，加强金属质感

图 3.3.15（二） 金属材料的表现步骤

4. 石材

石材的种类繁多，色彩丰富，纹理多变，连接方式多样。表现石材效果的，重点在于对石材的质地、纹理、图案、颜色、光照等效果的表达以及对反射现象的刻画，如图 3.3.16 ～ 图 3.3.19 所示。

图 3.3.16　片岩效果表现

图 3.3.17　红砖石效果表现

图 3.3.18　石材效果表现

图 3.3.19　岩石效果表现

石材的表现技法和表现效果总结如下：

（1）绘制水磨石材料，首先用铅笔画出边缘轮廓，颜色要浅，再用马克笔或彩色铅笔铺色，注意色彩渐变，然后用白色铅笔绘制点状石子表示受光面效果、用棕色点表达暗部纹理效果。反射效果用白色水粉或白色铅笔淡淡加入，视点附近的区域用签字笔勾画出图案的边缘轮廓，如图 3.3.20、图 3.3.21 所示。

图 3.3.20　水磨石柱式效果表现

图 3.3.21　水磨石地面效果表现

（2）在表现块料石材时，先铺设大底色。磨石比抛光的石质颜色柔和，纹理较为模糊。通常先用白色蜡笔表现浅色反光效果，再用深色铅笔刻画出反光和阴影效果，然后用灰色铅笔表现石材细节和石块脉络，最后用签字笔点画出地面的斑点、接缝，如图 3.3.22 所示。

(a) 铺块料石材底色

(b) 用深色铅笔刻画暗部和阴影

(c) 用灰色铅笔刻画石材脉络细节

(d) 用签字笔强调石材斑点及接缝

图 3.3.22　块料石材的表现步骤

（3）在表现毛石时，首先表现石材本身的底色，然后待底色未干透时用乱笔法表现出石材纹理，使纹理与底色自然交融，达到自然贴切的效果。

（4）在表现石材的连接关系时，可以随意设计石块的形状，但不要刻意绘制出每一块石块的边缘，只需绘制一定数量的石块边缘，就可以达到表现整体石墙的效果。在近景处的阴影表面，使用黑色铅笔加入接缝的效果，下笔的力度要轻，而且应该富于变化。如图 3.3.23 所示。

(a) 马克笔铺石墙底色

(b) 绘画石块边缘

(c) 加入石材纹理

(d) 强调接缝，完成最终效果

图 3.3.23　毛石的表现步骤

（5）在表现石墙时，条石墙外形方整，石质粗糙而带有凿痕，色彩分青灰、红灰、黄灰等，石缝不必太整齐；砌石片墙由自然石片堆砌而成，石片缝隙明显，宽度不等，石片端头参差尖锐，上色时用笔应粗犷、不规则，以显自然情趣；卵石墙以灰黑色为主，强调卵石砌入墙体后椭圆形的立体感，光影线应随卵石凸出而起伏，着重刻画高光、反光及阴影变化。

5. 砖

砖按材料、颜色以及磨光程度等进行分类，种类繁多，从乙烯质地到陶瓷质地，从不光滑的到抛光的都有。表现砖材时，根据画面空间的远近，其色彩要有变化，并要表现出周围环境中不同物体在光洁的砖表面上产生的光影，如图 3.3.24 ～图 3.3.27 所示。

图 3.3.24　亚光红砖表现

图 3.3.25　双色砖墙表现

图 3.3.26 釉面砖外墙表现

图 3.3.27 瓷砖地面表现

砖的表现技法和表现效果总结如下：

（1）绘制陶瓷质地等具有反光特性的砖材时，可以采用与表现水磨石材料相似的方法，在图面上加强光影的笔触效果，并注意表现物体因空间位置远近不同所产生的光影的深浅变化，用笔要挺直，如图
3.3.28 所示。

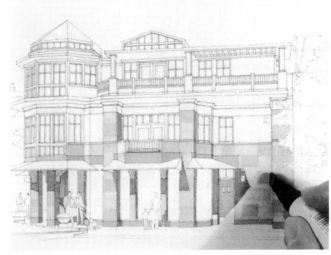

(a) 由浅入深铺设底色

(b) 添加阴影、接缝等细节

图 3.3.28　釉面砖表现

（2）表现表面不太光滑的砖材时，先绘制出砖块的排列形式和透视关系，再依据砖铺设的图案，按照从左到右的方向，逐步由浅入深地刻画，最后用白色铅笔加入一些散射光的亮点，用彩色铅笔修饰粗糙的花砖边缘和接缝即可，如图 3.3.29 所示。

(a) 按砖的铺设方式，
用马克笔上底色

(b) 突出光影效果

(c) 由浅入深，从
左到右刻画细节

(d) 用彩色铅笔强调高光、接缝效果

图 3.3.29　砖的表现

（3）表现砖墙时，红色砖墙涂刷底色不可太匀，并要表现斜射光影效果，用细笔按顺序排列画出砖缝的深色阴影线，再在缝线下方和侧方画受光亮线，最后可在砖表面上散乱地点画出一些凹点，表示陶制品的粗犷感，如图 3.3.30 所示；表现釉面砖墙则要注意保持整体色彩的单纯，墙面可用整齐的笔触画出光影效果，用细笔表现凹缝较为得当，近景刻画可拉出高光亮线，如图 3.3.31 所示。

图 3.3.30　有树阴的红砖墙效果表现

图 3.3.31　釉面砖墙效果表现

3.3.2　配景表现

一幅完整的建筑环境快题设计表现图，往往由主体建筑及其周围相关的景物所组成。周围的景物主要用来陪衬主体建筑，故又称配景。

配景的描绘可以显示出主体建筑的尺度，反映出主体建筑与周边环境的关系，同时还能起到平衡画面构图、丰富空间层次、渲染环境气氛的作用。掌握常用的配景表示方法，如天空、水体、植被、人、车等的表现，可以使图面生动。

绘制配景不能随意堆砌，而要根据构图需要加以安排，力求达到锦上添花的效果，避免喧宾夺主。下面提供一些适宜快速表现的配景画法，以供参考。

1. 天空的画法

画建筑外环境表现图时，天空是画面中的主要背景之一，对其处理得好坏往往关系到整个画面的效果。天空的画法有很多，主要分为深入写实、意象概念、示意象征三类，具体采用哪种方法应视主体对象而定。深入写实是将天空的自然色彩真实细致地刻画出来，要注意画出天空远近的自然变化、白云的动势及立体关系，尽可能画的同自然天空一样。此种画法要求有较强的绘画能力，但要注意不能画得太匠气。意象概念化画法有两种：一种是将画面天空根据主题色调需要平涂某种颜色，或采用从上至下的退晕平涂渐变，然后在上面象征性地画几笔白云，用笔力求简练利落，不必反复绘画；另一种是用板刷将要画的天空部分用清水打湿，趁湿用笔画出天空的颜色并留出白云，此方法要求要抓紧时机绘画，抓住天空总体动势及大的形态，还要求笔法灵活、飘逸、自然。示意象征性画法也有两种：一种形式是用宽板刷使用蓝、灰、绿蓝等色在整个背景上一次画出疏密合适的笔触，然后再画出主体物；另一种形式是在画完主体物后，根据需要在建筑周围画数笔来衬托主体物，要求强调笔触宽窄、用笔疏密和排列形式。但不论哪种风格，每笔都要肯定，力求一次成功，用色可根据情况灵活多变，如图 3.3.32 ~ 图 3.3.34 所示。

图 3.3.32 彩色铅笔表现的天空

图 3.3.33 水粉表现的天空

图 3.3.34　水彩表现的天空

天空的表现技法和表现效果总结如下。

（1）白天时的天空表现。

白天的天空经常呈现出渐进的颜色。在晴朗的天气，通常接近地平线的天空颜色较浅，越到天顶，颜色越深。在表现时，可用深蓝棒状蜡笔快速、粗略地涂抹最靠近地平线的区域，地平线以上的区域要保持空白，高空区域用较细的蜡笔快速绘出过渡色，再用钴蓝色的条状蜡笔笔触勾画天空顶端，或者用面巾纸将色粉笔的颜色混合在一起，形成蓝色渐变的天空。若渐变部分的颜色不一致，可用蜡笔或彩色铅笔补添颜色以达到一致的效果，如图 3.3.35 所示。

(a) 地平线处颜色较浅

(b) 天顶颜色加深，有白云处颜色减弱

(c) 白天时天空表现的最终效果

图 3.3.35　白天时的天空表现

　　描绘有云朵的天空时，云朵应仅作为背景存在，不易繁琐，以衬托设计构思为目的。可用橡皮在已着色的天空中擦出云朵的形状，这些云朵可以是任意形状、任意方向。若需要的话，还可以给云朵加颜色，以表现其反射天空的颜色。

　　（2）傍晚或黎明时的天空表现。

　　表现傍晚时的天空，靠近地平线的区域用粉红、淡粉红和橙黄色的铅笔描绘，天顶部分用深蓝色描绘，适当在蓝色的天空中加上几丝粉红和橙黄的颜色以求协调，如图 3.3.36 所示；表现夜晚的天空，可用白色水粉加上几颗星星，毗邻天空的主体物可用黑色马克笔加强对比，使天空显得更加明亮。

(a) 地平线处的颜色既暖又浅

(b) 天顶加入粉红、橙黄等暖色

(c) 最终效果

图 3.3.36　傍晚或黎明时的天空表现

2. 地面的画法

地面表现主要突出水平方向的深度和广度以及地面的材料质感。一般可把地面质感分成坚硬、柔软、光滑、粗糙和反光等几种类型。表现时要抓住各种材料的基本特征加以刻画，在处理上要简练概括并注意透视关系，强调其纵深感，如图 3.3.37 ～图 3.3.41 所示。

图 3.3.37　反光的地面表现

图 3.3.38　粗糙的地面表现

图 3.3.39　柔软的地面表现

图 3.3.40　坚硬的地面表现

图 3.3.41　综合材
料的地面表现

地面的表现技法和表现效果总结如下：

（1）地面铺装材料的表现手法与墙面、屋顶的材料表现相同，在前景需要描绘细节，随着距离的变远，可以逐渐进行简化处理。

（2）描绘砖路时，应注意对路面的图案进行简化处理。如表现人字形砖路时，用红木色（赭石棕）马克笔由前景向消失点方向移动，按照与水平线呈 45°角的方向绘制，就可表现出栅格效果的纹理，也可以使用深棕土色马克笔向路面中加入阴影效果，使用石灰绿和浅云蓝色马克笔在路面加入一些颜色，突出环境表现效果，最后用较硬的铅笔绘制人字形花纹，在阴影区域使用浅灰色铅笔绘制路面的纹路，用倾斜的点划线来表示远处的花纹，保证砖块铺成路面图案的连贯性。如图3.3.42、图 3.3.43 所示。

(a) 铺底色

(b) 用红木色马克笔表现栅格效果

(c) 用深棕土色强调阴影，冷灰色表现环境

(d) 用浅灰色强调路面纹路，深色刻画砖缝

图 3.3.42　砖路的表现

(a) 用赭石绿色马克笔铺地砖底色

(b) 浅蓝灰色马克笔刻画鹅卵石

图 3.3.43（一） 多种材质的路面表现

(c) 最终效果

图 3.3.43（二） 多种材质的路面表现

（3）描绘石板路时，颜色和图案更富于变化，应注意表现不同的质地效果。例如，花岗岩和大理石地面，要注意画出坚硬感和反光效果，用笔要概括而利落，用色要简练，并处理好固有色和反光色的关系，如图 3.3.44 所示。

(a) 浅蓝灰色马克笔铺底色

(b) 强化反光效果

(c) 刻画周围环境，突出石材固有色

(d) 强化高光、接缝等细节

图 3.3.44　花岗岩路面表现

表现砂岩铺制的路面，一般先使用浅黄色绘制前景基色，然后加入沙色、矿物黄等颜色，用浅茶色绘制阴影。如路面颜色浓度过强，可用其他颜色降低其浓度，最后用黑色铅笔按不同力度绘制砂岩路面的接缝，用橄榄绿色铅笔在石缝中加入苔藓、青草等植物表现，使画面更加生动，如图3.3.45 所示。

(a) 浅黄色马克笔绘制前景路面

(b) 添加浅茶色阴影

描绘装饰性水泥路面，用浅黄色绘制颜色较浅部分，用沙色绘制略深部分，用浅灰色绘制物体在水泥路面上的阴影部分。表现前景中的水泥路面，可用较硬的铅笔加入花纹及路面上的斑点，如图 3.3.46 所示。

(c) 刻画路面接缝等细节

图 3.3.45　砂岩路面表现

(a) 由浅入深铺底色

(b) 刻画地面反光及阴影

(c) 加入周围环境色彩刻画

(d) 注意地面铺装接缝与高光处理

图 3.3.46　装饰性水泥路面表现

3. 水景的画法

在建筑环境中，水景作为一种重要的景观元素而经常出现，常见的有水面、喷泉和叠水等。水体又有动静、远近之分，在表现时要注意水的基色取决于周围环境的影响，如图 3.3.47 ~图 3.3.51 所示。

图 3.3.47　叠水效果表现

图 3.3.48　静水效果表现

图 3.3.49　湖面效果表现

图 3.3.50 喷泉效果表现

图 3.3.51 溪流效果表现

水景的表现技法和表现效果总结如下。

表现大面积水景时，常使用明度适中的马克笔在水平方向上运笔，绘制水面基色，马克笔的色调可以在蓝、绿、棕或者灰之间变化。完成水面绘制后，再用白色铅笔绘制岸边景物在水中的倒影，用直线绘制轮廓以保证形状准确，然后用曲线绘制倒影边缘，以表现水波荡漾的效果，最后向图中加入前景中的物体。在为倒影上色的时候，应使用和真实景物相同的颜色，绘制时手部用力略轻或者使用中等力度，倒影颜色的明度应比真实景物的略浅且浓度较弱。天空在水面上的反射效果随着距离的加大而增强。使用白色铅笔绘制天空在水面的倒影，可加入淡波纹效果，或使用绿灰色和蓝灰色铅笔对天空的倒影稍加修饰。

刻画喷泉和叠水时，可先绘制周围的物体，再以亮色覆盖上去，亮部的颜色偏冷色，暗部的颜色略为偏暖，要注意细碎的水花不应破坏整体，如图 3.3.52、图 3.3.53 所示。

(a) 绘制水面基色

(b) 刻画倒影及暗部

(c) 顺水流向强调水的基色，注意水的流势

(d) 加入白色高光，刻画水花细节

图 3.3.52 叠水的表现

(a) 水平运笔，绘制水的基色

(b) 强调投影

(c) 加入曲线，强调水纹效果

(d) 最终效果

图 3.3.53　静水效果表现

图 3.3.54　绿色植物的平面表现

4.绿色植物的画法

绿色植物在平面图和设计表现图中有扩大视阈、加强对比、完善构图的作用。植物有各种形状、大小和颜色，表现图中的植物大致可分为三类：乔木、灌木和地被植物。乔木和灌木又分为常青类和落叶类。在表现植物时要抓住其生长特点，进行概括及艺术处理，应追求干净利落，以少胜多。例如，一片做背景的树木，可以概括处理成几棵；有无数枝叶的树，概括处理成几组典型枝叶。另外，在色彩上也要概括处理，以少胜多。色彩丰富的树叶，可以概括成两三种颜色；明暗变化丰富的树木，概括处理成黑、白、灰三个明度，同时还要注意远、中、近的层次变化和虚实处理，如图 3.3.54 ~ 图 3.3.57 所示。

图 3.3.55　绿色植物表现一

图 3.3.56　绿色植物表现二

图 3.3.57　绿色植物表现三

绿色植物的表现技法和表现效果总结如下。

（1）树木（常青、落叶）表现。

对前景中枝叶茂密的落叶乔木进行表现时，一般先画树干和粗大的树枝，然后对树冠部分逐步上色。勾画树叶时，先用细铅笔描绘出树冠轮廓和树叶，再用黄绿色和橄榄绿色的马克笔大块面地画出树冠。秋天的树叶可用砖红色、淡淡的樱桃红和淡棕褐色的马克笔勾画。在勾画完树叶、树枝后，用深橄榄绿和冷灰色的马克笔添加少许阴影，再描绘小树枝，树枝是断断续续的而非连续的线条。继续添加亮部区域、细节，用奶油色铅笔直接加亮树叶，用淡蓝色和白色表现树冠间露出的天空。树干阴影用冷灰色画出，再用奶油色和白色刷出阴影间阳光照亮的地方，整个树干用赭石色轻描，运用点画、斜画的方法描出阴影部分的树干纹理，如图 3.3.58、图 3.3.59 所示。

(a) 勾画树冠轮廓

(b) 添加阴影与树叶

(c) 刻画树冠亮部

(d) 添加树干及其他细节

图 3.3.58　树木表现

(a) 铺设树叶基本色

(b) 渲染周围环境色

(c) 刻画暗部，加强层次感

(d) 加入枝干等细节

图 3.3.59　树木表现步骤图

表现前景中的常绿乔木，如棕榈、云杉、冷杉、雪松和柏科植物等常见树种时，应先用蓝绿色勾勒树形大体轮廓，再用不同皴法勾画树叶边缘，然后用冷灰色、橄榄绿添加环境、阴影和树干，最后进行亮部修饰，或点缀一些焦赭石色块表示干枯的叶子，如图 3.3.60 所示。

(a) 勾勒树冠轮廓

(b) 绘制树冠、树干的整体色

图 3.3.60（一） 棕榈类植物表现

(c) 刻画树冠暗部和边缘的树叶

(d) 添加亮部及树干等细节

图 3.3.60（二） 棕榈类植物表现

描绘植物投影时，草地阴影用橄榄绿轻扫一遍，再绘出垂直纹理，然后用奶油色表现出阳光照亮部分的纹理；砖墙的阴影可用桃红色调和，受光部分则混合桃红色和白色，墙缝用白色铅笔和直线尺勾画，给阴影增添一种透明的效果；人行道的阴影用蓝色铅笔表现，用白色加强其中的光照区域，如图 3.3.61 所示。

（2）地被植物表现。

地被植物常见为多年生低矮草本植物，低矮、匍匐型的灌木和藤本植物等。表现时，需根据植物外形、高矮和颜色变化进行效果处理，如图 3.3.62 ~ 图 3.3.66 所示。

图 3.3.61　植物阴影的表现

图 3.3.62　草地效果表现

图 3.3.63　灌木效果表现

图 3.3.64　秋冬季地被植物表现

图 3.3.65　地被植物表现一

图 3.3.66　地被植物表现二

地被植物的表现技法和表现效果总结如下：

描绘灌木时，通常只作示意性刻画，并不代表具体植物类型。不同种类的灌木，其颜色有所不同，在绘制时需使用马克笔笔尖，采用点画的方式绘制：使用橄榄绿色、苹果绿色等为阳光照射下的灌木上色，然后使用乳白色进行加亮处理，在阴影区使用靛青蓝上色，用浅灰色勾画灌木根部的枝权，最后向草地上的灌木加入竖直的纹理效果。表现常绿灌木时，先用浅绿色马克笔的笔尖塑造出一系列的扇形图案，再用橄榄色马克笔笔头中较粗的一段绘制暗部，按照先画浅色再画重色的方法，依次从灌木底部向上描画，如图 3.3.67 所示。

(a) 用点画方式绘制灌木

(b) 注意灌木的明暗区分

(c) 亮部用偏暖的颜色处理

(d) 加入亮部等细节

图 3.3.67　灌木的表现

描绘大面积草地时，用浅橄榄色和沙色马克笔绘制阳光照射下的草地，用深橄榄色表现阴影。按辅助线的方向平行地上色，隐蔽处及岩石裂缝中的落叶用浅茶色和深赭石色的点划线表示，或者可用浅黄色铅笔表现阳光照射下的草地，再用乳白色铅笔为前景中的草地表面上色，上下方向且按辅助线方向移动。使用淡紫色铅笔对阴影中的草地进行修饰，注意高亮点、反光点及阴影效果。

描绘局部草地时，使用橄榄色马克笔绘制前景中的地表植被并留下空白，运笔呈水平方向，用弯曲的线条表示地面生长的草，使用黄绿色马克笔填充留白处，或者使用柳绿色马克笔描绘岩石边的矮草和水草，用橄榄色为草根部较深区域上色。

草地的表现步骤和效果如图 3.3.68 所示。

(a) 浅黄绿色涂草地的亮部

(b) 深橄榄绿色刻画暗部

(c) 加入浅紫色植被

(d) 刻画亮部等细节

图 3.3.68　地被植物的表现

5. 人物和车辆的画法

　　在表现建筑环境时，人物与车辆的点缀会使画面真实、有活力。表现人物与车辆应注意人物和车辆与主体物的尺度、比例和透视关系，还应注意情节、动势、色彩、数量，这些应根据特定环境和画面需要加以设计，既使画面生动活泼，又不喧宾夺主，如图 3.3.69 ~ 图 3.3.73 所示。

图 3.3.69　有人物和车辆的建筑环境效果表现

图 3.3.70　有人物的建筑环境效果表现

图 3.3.71　有车辆的建筑环境效果表现

图 3.3.72　步行街效果表现

图 3.3.73　车辆效果表现

人物和车辆的表现技法和表现效果总结如下。

（1）表现图中添加人物，能增强建筑的尺度感，给画面增添活力。人物的表现可根据画面的形式，以写实或象征的方式来描绘。着色时，写实型人群应注意色彩的统一性，而象征性的图案型人物，在勾画出其外形后可以不着色，或用同一色进行平涂。在典型的齐眼透视图中，所有站立的人物的头部都和水平线等高或齐高，如图 3.3.74、图 3.3.75 所示。

图 3.3.74　视点在同一条视平线上的人物透视效果

图 3.3.75　人物表现

（2）汽车是建筑环境表现图中不可或缺的配景，行驶的汽车可使画面产生动静对比，也可引导画面的视觉中心。表现汽车时，首先要描绘出汽车结构，再以简洁的色彩、强劲有力的笔触表现出汽车的金属质感，不必过分描绘细部与色彩，以免分散画面的注意力。在画近处的汽车时，也可表现出其内部的构造，画出坐椅及方向盘的轮廓线等。如图3.3.76 所示。

(a) 用简洁的色彩描绘车辆和人物

图 3.3.76（一）　车辆和人物的表现步骤

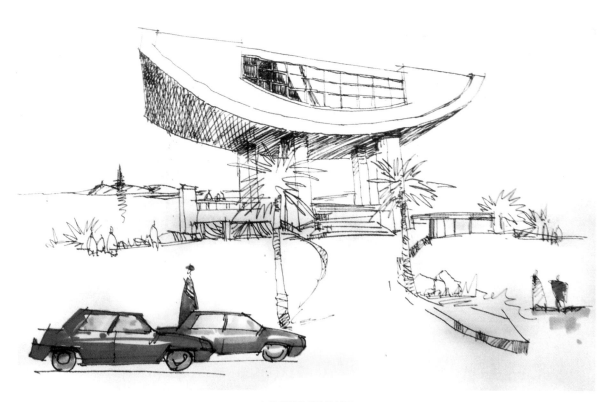

(b) 注意整体结构的刻画

(c) 近处车辆可加入内部结构、方向盘等细节

图 3.3.76（二） 车辆和人物的表现步骤

画好建筑环境应当遵照建筑主题的内容进行配景设计，烘托建筑的气氛，除了车、树、人等配景外，喷泉、花坛、栏杆、路牌、街灯、小亭、廊架等小品，能在很大程度上提升透视图的表现效果，使画面更具感染力，如图 3.3.77 所示。

(a) 先铺周围环境的主色调

(b) 加入人物、树木等配景渲染

图 3.3.77（一） 建筑环境的配景表现

(c) 注意空间塑造

(d) 刻画细节，营造氛围

图 3.3.77（二） 建筑环境的配景表现

单元 4　建筑环境快题设计训练

　　快速设计是设计师在工作中需要具备的业务素质，同时也是反映设计师综合能力的有效手段，快速设计水平的高低能够体现出设计师的思维能力和创造力水平。建筑环境设计是一个通过图示的手段、合理平衡各项要素、创造性地解决各种矛盾的过程。

　　建筑环境快题设计表达训练的目的，是循序渐进地掌握快速手绘表达的方法，最终达到在设计过程中畅快自如地表达设计思路，完成对设计方案的图形表述。优秀的设计图不但图面线条流畅，表现方法得当，而且构图和排版都令人赏心悦目，它充分显现出设计者的业务功底和修养。

4.1　方法和步骤

　　建筑环境快题设计是一种特殊的设计工作方式，要求设计师通常在介入工程前期即表达自己的设计构想、推敲方案，或者在较短的时间内表达出稍纵即逝的设计灵感，它要求突破常规的设计程序，在短时间里高效地拿出优质的设计方案。在这种快速的设计工作过程中，设计者必须在很短的时间内"吃透"设计任务要求，完成简练的方案构思、比较、决策，同时完成设计成果的表现，并要求有良好的手绘图面效果。

4.1.1 分析与构思

建筑环境快题设计与表现通常要求在规定的 6 ～ 12 小时内完成一项中等复杂程度的建筑设计、环境艺术设计、园林设计，一般规模不大、功能也较为常见，成果要求通过系统而完整的分析、构思后，用画面形式手绘表达出来。思维创造能力对于专业水平的提高很重要，它是通过长期设计实践经验积累而培养出来的。快题设计要求设计者在短时间内完成基地分析、方案构思以及图纸绘制工作，反映出设计者的计划能力及应变能力：一方面，要在设计上做到方案合理，符合规范要求；另一方面，要在有限的时间内完成任务书分析、设计要求解读、环境主次矛盾评价等任务。在分析与方案构思过程中必须灵活应变，准确抓住主要矛盾，有条不紊地做好时间安排，通过快速设计成果展现业务素养。

4.1.2 深入方案

在较短的时间内，要想尽可能整体地表达设计构思，还得有一个"度"的问题。深入方案阶段，应遵循"求全不责备"的原则，即不去苛求表达内容的严谨性，可适当降低准确程度，甚至忽略一些次要的内容，在保证所有内容完备的情况下，根据设计内容的重要性和时间的限制要求，来把握表达的丰富程度与深入程度。建筑环境快题设计表现中不能缺、失、少、漏，不应局限于透视表现图等某一局部的表达，避免在局部表现图上花费时间过多而影响整体画面的完成，否则可能导致图纸内容不齐备，使图面感染力减弱。在进行建筑环境快题设计表现时，为了合理安排时间，便于方案表现得完整、准确，通常要注意以下几个方面。

1. 总平面布置

（1）场地出入口与城市道路连接合理。

（2）正确处理建筑或环境与特定条件的结合与避让，与周边道路条件、自然环境、历史文化环境与建筑物形成良好、和谐的对话关系。

（3）充分考虑用地内的限定条件，如保留古树、水体、古塔、原有建筑物、地形变化等。

（4）场地内部道路安排与交通组织。

（5）地面停车的考虑、地下室出入口位置的选择。

（6）所有用地内设计要素是否符合相关法规规范的要求。

（7）总体空间处理及序列组织。

2. 功能分区

（1）功能分区明确，合理安排各种内容的区划，如洁污、动静、私密开放等。

（2）平面和竖向功能分区合理。

（3）妥善安排辅助用房的布局与设计。

（4）注意通风、采光、朝向等物理环境。

（5）准确控制空间布局尺度。

3. 交通流线组织

（1）主要出入口与次要出入口的位置选择合理。

（2）出入口处空间处理。

（3）人流、车流、物流组织清晰，简洁通畅，互不干扰。

（4）合理设置交通枢纽空间。

4. 空间组织

（1）各部分在空间组织上有章法。

（2）空间形成序列感与层次性。

（3）空间具有一定的趣味性，手法多样。

（4）内外空间应当有一定的过渡处理。

5. 结构造型

（1）结构类型选择得当，经济适用。

（2）结构类型满足功能和空间使用要求。

（3）结构类型符合构成逻辑。

4.1.3 绘制出图

快题表现的最终结果是以二维空间画面呈现。表达设计方案成果的透视图、平面图、立面图、剖面图和总图不是在图纸上随意堆砌，而是设计者依据审美感觉通过对画面结构、位置，画面大小、比例关系的用心经营，将设计成果内容加以精心组织和安排，继而有的放矢地展现出来。它充分体现了设计者的设计才华。

1. 版面设计

如果没有特殊要求，推荐以 A2 图幅为模版（A2 图幅便于组织每个图面）。版面设计首先考虑布局，例如把总图、设计说明、透视图统一编排在一张 A2 图中，平面图、立面图、剖面图等可组织在另一张图纸中，这样易形成统一的格调和稳定有效的布图。如果需要表现在 A1 或 A0 图幅中，必须根据任务书的要求，先在大图上进行区域分格，注意表现内容的顺序，并注意疏密的组合，这样才能更好地控制每个环节的绘制深度与色调设计，让人一眼看去就觉得整个画面很有设计感，给人留下良好的第一印象。

构图时，具体要注意以下 3 个关系。

（1）平面图同立面图、剖面图之间的位置关系。

（2）平面图、立面图、剖面图同透视图之间的位置关系。

（3）平面图、立面图、剖面图和透视图同图幅之间的关系。

有时设计方案的平面图形并不完整，即使经过版面设计也难以做到版面均衡匀称，这时可用一些配景，如树、标题文字甚至简单的装饰图形使其得以完善，使版面更加充实。这些都是设计者在成果表现中需要用心思考的。

2. 表现形式

一般来说，在评价一个快速设计作品时，确实存在某些原则性的指标可遵循。把握这些原则，在今后做设计时就能做到有的放矢。

（1）统一和谐。

1）设计内容与色彩表现形式具有内在一致性。

2）以透视表现图色调为主，统一安排相应的图纸内容表现色彩。

3）整套图纸除了规格、编号、布图上具有协调性之外，图标、文字用色也应统一，在视觉上形成完整印象。

（2）主题突出。

1）衬托原理。要想在短时间内高效地画完所有设计内容，就必须在刻画上有所偏重，把握好主次、远近、明暗关系，切忌平均用力。例如在总图中，利用色彩或明暗关系突出建筑主体、弱化配景，从而清晰表达主体建筑与环境、道路、绿化的关系，简洁明了地反映设计的构思意念、交通组织、景观及环境的设计。

2）重色压图。快题表现时，上色要用重色强调来突出结构，加强对比；画面要有虚实、黑白灰之间的关系，黑色和白色通常能加强效果，中性色与灰色则是画面的灵魂。

3. 表现步骤

在快图绘制过程中，不论是 A2 小图、还是 A1、A0 的大图，都要注意保持深度的同一性，先求有无，再论好坏。例如二维表现，总图意思交代清楚后再画平面，然后依次绘制立面、剖面。尤其是在上色阶段，应依据整体效果最后统一着色，这样可以突出重点。在图纸表现深度方面，可依个人习惯和时间要求做出具有弹性的控制，以求耗时少而效果好，提高工作效率。

4. 表现色彩

在快题表现时，使用色彩不但可以使区分各种不同功能的过程变得容易，而且还可以表现出场景特征。

对于快题表现来说，几乎可以使用所有的颜色来区分图中各种元素和材质之间的差别，但常使用中至高明度的颜色，以保证图中的线条明显可见。同时要注意使用少数颜色的不同组合，有助于保证整个平面图的一致性。如使用蓝、灰、墨绿等较为"沉稳"的颜色，较容易拉开层次，也不容易出现大的失误。

总图主要从阴影、环境等方面着手。阴影常选用灰色系马克笔根据建筑形体的设计，示意性地刻画阴影以反映形体相互间的组合。环境用马克笔沿建筑主体勾边，再用彩铅淡抹，色彩从主体向周边逐渐虚化。作为配景的树木、绿化、铺地、小品，着色则融入到环境中，以衬托主体。

建筑外环境平面在具体的色彩表现中，一般沿平面主体周边用马克笔勾线，对周边环境进行虚化处理，概括地表达出环境的影像即可。

（1）室内设计平面图。

主要关注室内功能分区，用轻淡的色彩表达出各功能模块或交通区域即可。重点部位（如大堂、中庭等）以细部的线条刻画为主，添加色彩，详细刻画。

（2）立面图、剖面图。

立面图、剖面图的上色主要在于刻画玻璃，区分墙面与门窗面。较大的玻璃面直接用马克笔加以表现，注意笔触组织，小面积最好用彩铅。立面图中还应注意阴影表达，可以用灰色的马克笔。

配景的色彩可根据时间的安排有选择性地添加，着重点在于运用色彩来突出主体，使画面显得生动别致。

4.2 快题设计实训

4.2.1 快题设计成绩评价

一般来说，建筑环境快题设计作品的成绩评价结构如表 4.2.1 所示。

表 4.2.1 建筑环境快题设计作品的成绩评价结构

总分100%	总体构思	空间及功能关系	主体造型	技术及规范	图面表达
	20%	30%	20%	15%	15%

1. 快题设计常见问题

建筑环境快题设计表现图中的常见问题是主要的失分点，以下列出供大家参考。

（1）总平面布置。

1）建筑与周围环境缺乏联系。

2）对基地内的特定条件缺乏考虑，处理不当。

3）交通组织混乱，如道路安排不当、出入口选择不合理等。

（2）功能分区。

1）分区混乱，或者缺乏分区的概念。

2）建筑室内外关系混乱。

3）功能空间的分配不合理。

（3）交通流线组织。

1）出入口位置不当，空间导向不明确。

2）缺少集散空间，出入口处交通组织混乱。

3）交通流线交叉、迂回。

（4）空间组织。

1）空间变化贫乏，组织过于直白。

2）平面布局凌乱，组合散漫。

3）空间各部分之间缺乏联系。

（5）图纸内容表述。

1）布图不符合阅读习惯，造成读图障碍。

2）图纸内容凌乱或者拥挤，缺乏构图中心。

3）图底关系不清晰，主要内容表达不明确。

4）构图过于夸张、刺激，或过分专注于表现技巧，却忽视设计内容的表达。

5）色彩过杂，画面色调不统一，导致视觉疲劳。

4.2.2 快题设计实训要求

1. 方案要求

方案设计是建筑环境快题设计考察的重点，是最根本的基础。快题设计的方案应有个性和针对性。设计者必须要有好的鉴别力、应变能力和灵活的构思。

2. 表现要求

建筑环境快题设计表现应具备真实的表现效果和艺术美感，包括形体透视正确、质感表现准确、光影表现真实、比例尺度正确、色彩表现协调、环境配景合理、形象鲜明生动、画面赏心悦目，使表现图个性鲜活，具有极强的艺术感染力。

4.2.3 实训实例

1. 售楼中心室内外环境艺术设计

（1）设计内容。

该售楼中心为2层小型建筑，请根据提供图纸进行建筑外观和室内空间艺术设计，如图4.2.1所示。

（2）制图要求。

设计方案以手绘形式表现在2张2号图纸内。

1）第一张图面内容：

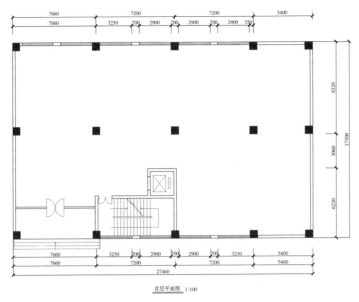

图 4.2.1　售楼中心首层平面图

·建筑室内空间一层平面布局图（比例自定）：需要体现出售楼中心大厅的总服务台、接待洽谈区、楼盘模型展示区等，要求功能分区、空间布局合理、人流动线组织明确。

·建筑外观主立面图、侧立面图各一幅，要求能较好地表达出建筑物的立面造型、材质效果、比例尺度。

·建筑外观色彩透视效果图一幅。要求依据建筑物的功能性质、规模与特点进行外观设计，构思新颖，个性鲜明。

2）第二张图纸内容：

·选取该售楼中心大厅的一个主要空间，画色彩透视效果图一幅，要求合理运用室内设计要素创造功能合理、艺术氛围浓厚的售楼中心室内环境。

·室内空间主要部位——大厅服务台的平面图、剖面图、立面图、节点图各一幅。

·100 字以上的设计说明。

设计成果如图 4.2.2 ~ 图 4.2.5 所示。

2. 服装专卖店设计

（1）设计内容。

在城市繁华商业区，设计一个服装专卖店，要求准确理解设计题目的性质、规模与特点，构思立意新颖独特、个性鲜明，设计定位准确，能解决好空间流通、人流分配等问题，合理运用造型、色彩、照明、陈设、绿化等设计要素来创造功能合理、艺术氛围浓厚的服装专卖空间环境。平面图如图 4.2.6 所示。

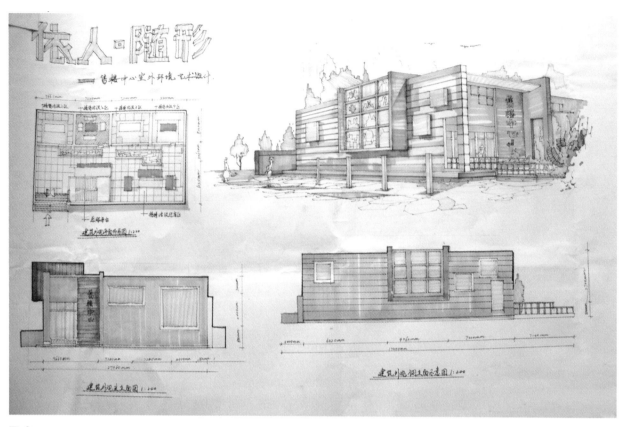

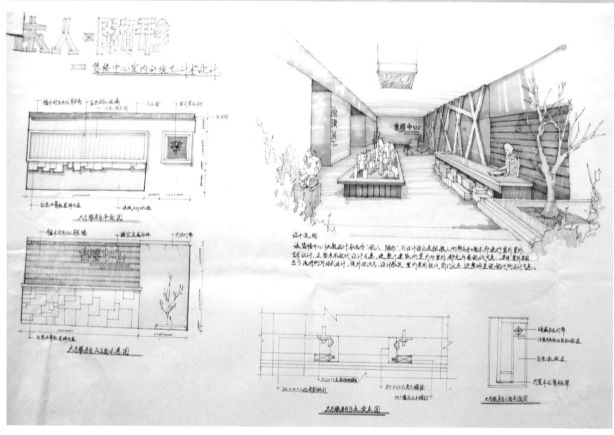

图 4.2.2　售楼中心室内外环境艺术设计方案一

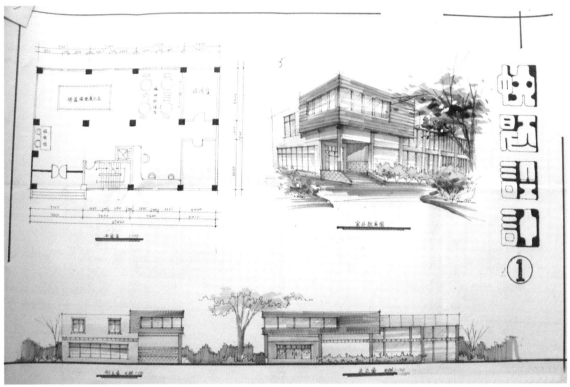

图 4.2.3　售楼中心室内外环境艺术设计方案二

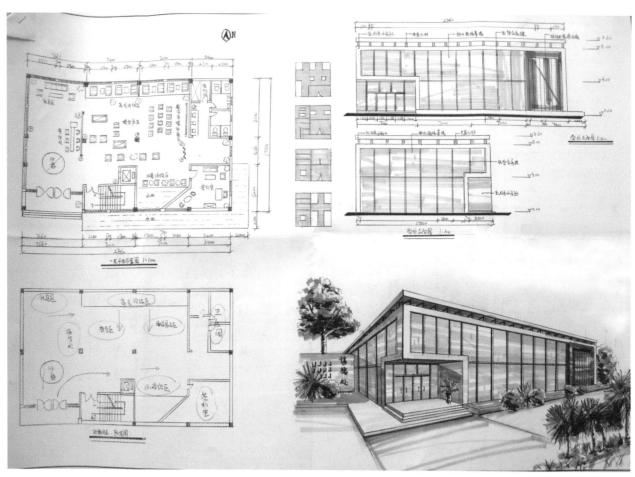

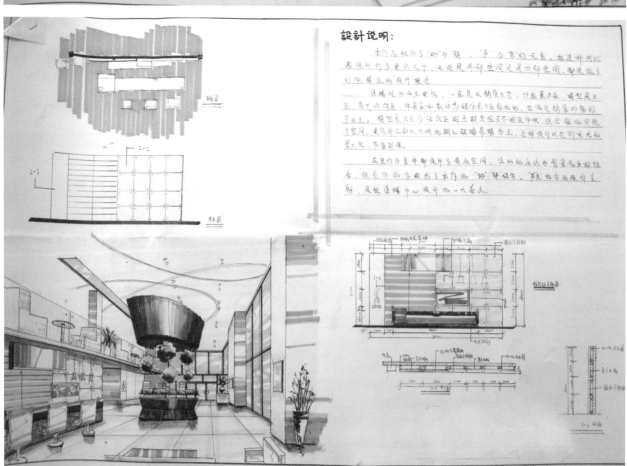

图 4.2.4 售楼中心室内外环境艺术设计方案三

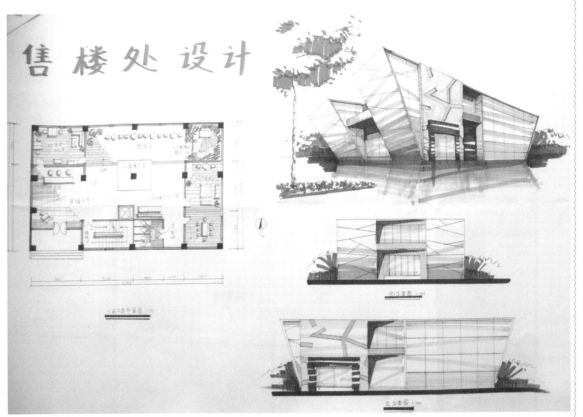

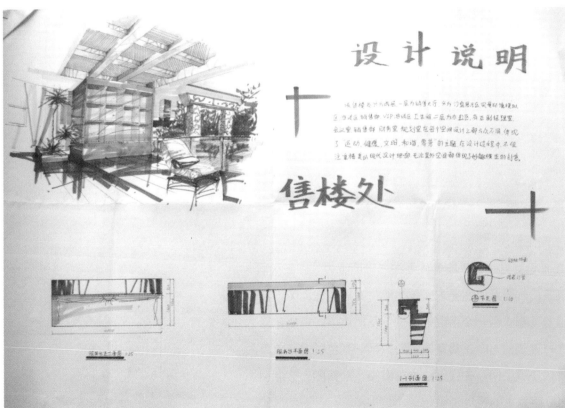

图 4.2.5 售楼中心室内外环境艺术设计方案四

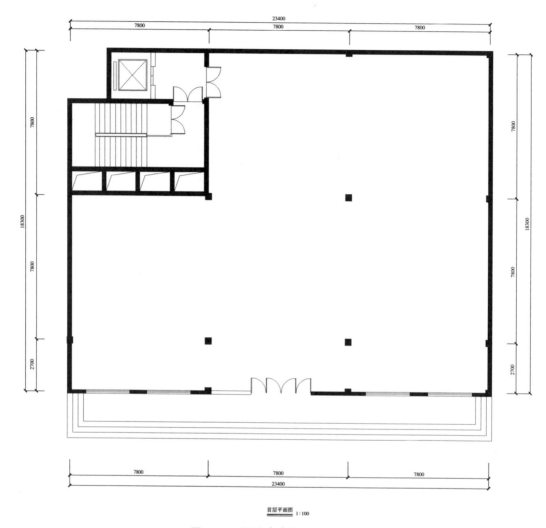

首层平面图 1:100

图 4.2.6　服装专卖店首层平面图

（2）制图要求。

要求把设计方案以手绘形式画在一张图纸内。图纸内容包括：

·建筑的一屋平面图要求建筑功能、布局合理，图纸比例自定。

·建筑外观（画一个两层的建筑）及周边小环境的色彩透视效果图一幅。

·选取建筑的一个主要室内空间，画一张色彩透视效果图。

·室内主要空间、主要部位的立面图、剖面图、节点图。

·100 字以上的设计说明。

设计成果如图 4.2.7 ~图 4.2.12 所示。

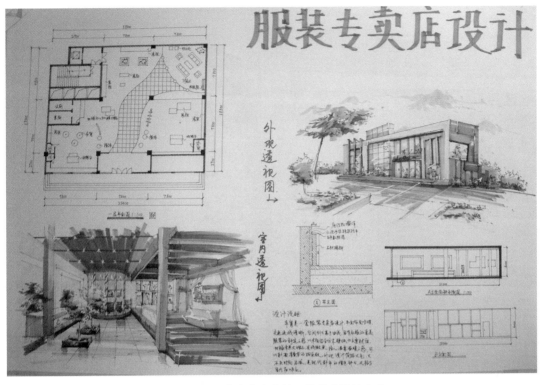

图 4.2.7　服装专卖店室内外环境艺术设计方案一

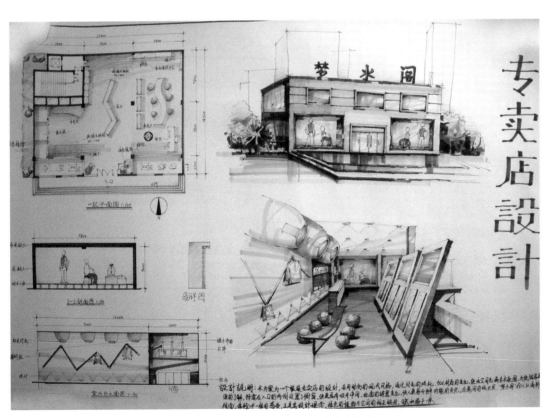

图 4.2.8　服装专卖店室内外环境艺术设计方案二

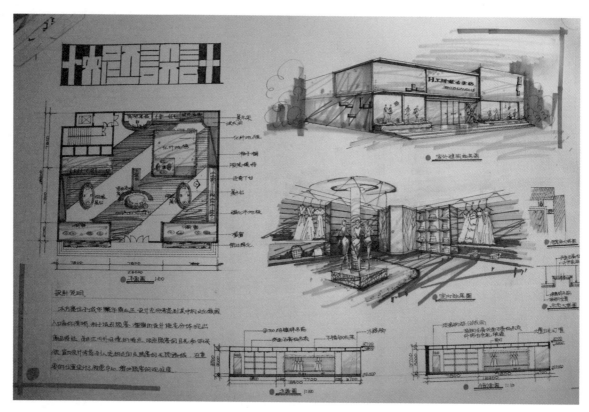

图 4.2.9　服装专卖店室内外环境艺术设计方案三

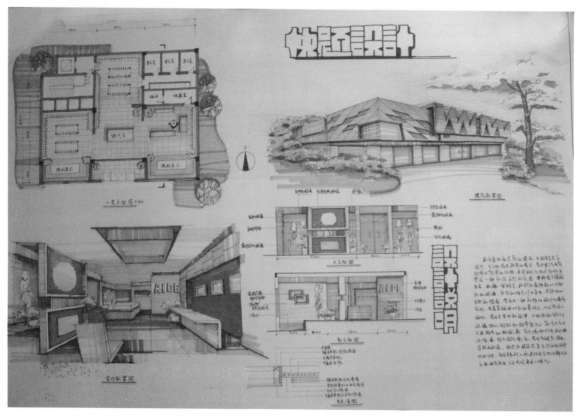

图 4.2.10　服装专卖店室内外环境艺术设计方案四

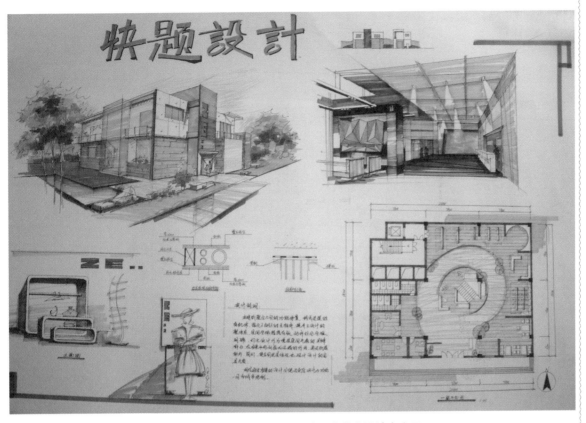

图 4.2.11　服装专卖店室内外环境艺术设计方案五

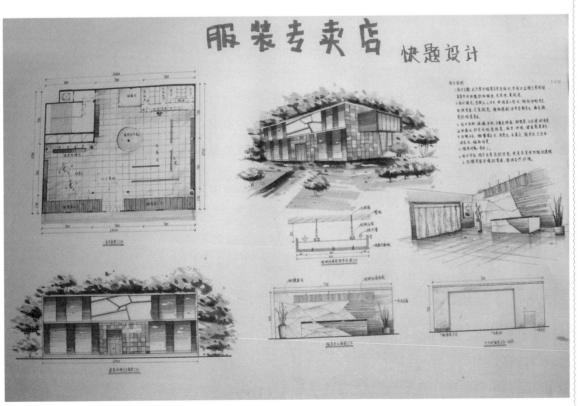

图 4.2.12　服装专卖店室内外环境艺术设计方案六

3. 别墅室内外空间艺术设计

（1）设计内容。

该别墅空间为 2 层小型居住建筑，请根据提供图纸进行建筑外观、室内主要空间艺术设计。平面图如图 4.2.13 所示。

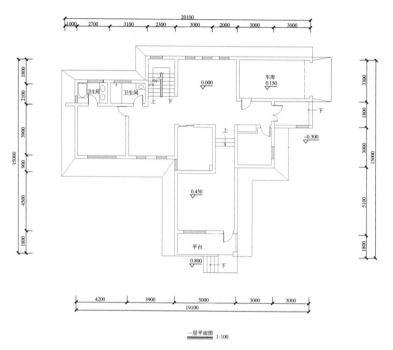

图 4.2.13　别墅一层平面图

（2）制图要求。

设计方案以手绘形式画在一张图纸内。图纸内容包括：

· 建筑的一层平面图，要求建筑功能、布局合理，图纸比例自定。

· 建筑外观（画一个 2 层的建筑）及周边小环境的色彩透视效果图一幅。

· 选取建筑的一个主要室内空间，画一张色彩透视效果图。

· 室内主要空间、主要部位的立面图、剖面图、节点图。

· 100 字以上的设计说明。

设计成果如图 4.2.14 ~ 图 4.2.16 所示。

4.2.4　实训课题

1. 茶社室内外环境艺术设计

（1）设计内容。

该茶社为 2 层小型建筑。请根据提供的图纸进行建筑外观和室内空间艺术设计。平面图如图 4.2.17 所示。

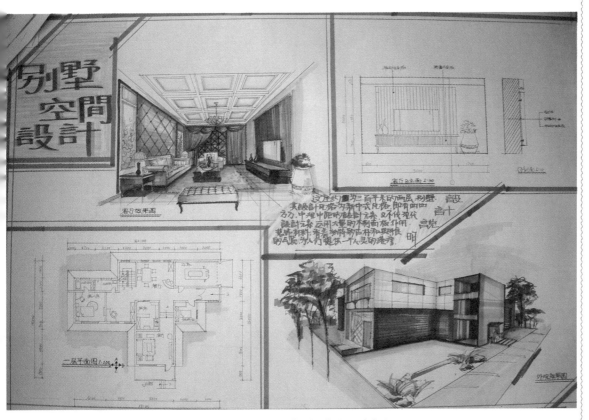

图 4.2.14　别墅室内外空间艺术设计方案一

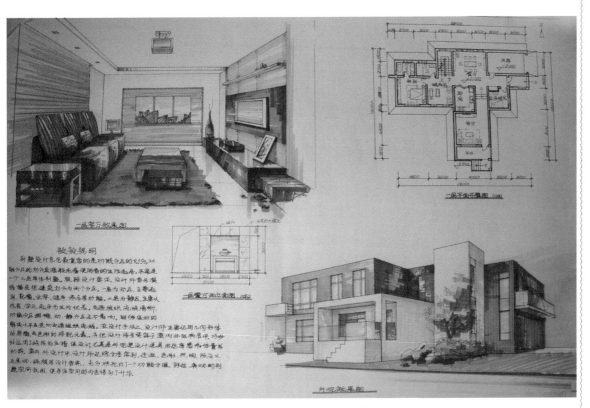

图 4.2.15　别墅室内外空间艺术设计方案二

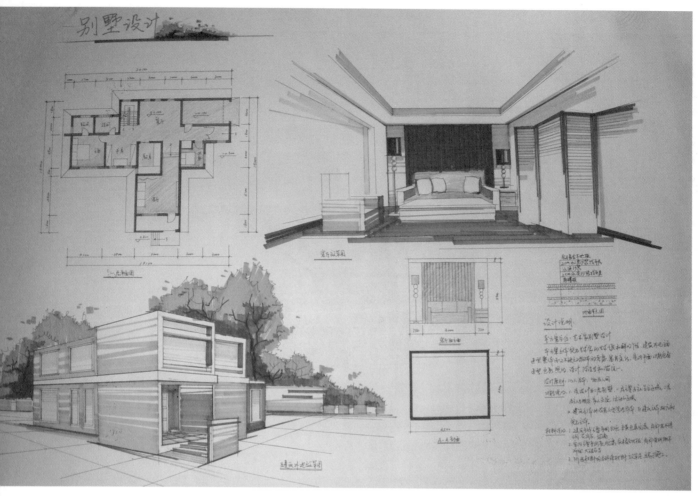

图 4.2.16　别墅室内外空间艺术设计方案三

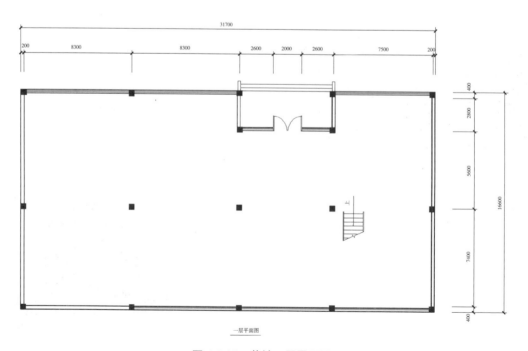

图 4.2.17　茶社一层平面图

（2）制图要求。

设计方案以手绘的形式画在 2 张 2 号图纸内。

1）第一张图纸内容：

·建筑室内空间一层平面布局图一幅（图纸比例自定），注重体现服务台、茶文化展示区、品茶区等功能布局。要求空间布局合理、人流动线组织明确。

·建筑外观主立面图、侧立面图各一幅，要求能较好地表达出建筑物的立面造型、材质效果、比例尺度。

·建筑外观色彩透视效果图一幅，要求依据建筑物的功能性质、规模与特点进行外观设计，构思新颖，表达准确。

2）第二张图纸内容：

·选取该茶社大厅主要空间，画色彩透视效果图一幅。要求合理运用室内设计要素创造功能合理、艺术氛围浓厚、能够充分体现东方清韵的茶社室内环境。

·服务台或茶文化展示柜的平面图、立面图、剖面图、节点图各一幅。要求能够较准确地表达出所画内容的平面、立面、剖面造型特点、材料构造、比例尺度，所画内容要求在平面图中有相对应的图示标注。

·100 字以上的设计说明。

2. 某大学新校区大门设计

（1）设计内容。

1）该校区位于城市主要交通干道旁，设计一个面向道路的校区主要大门，要求能够解决学校行人车辆的安全出入、信件包裹的及时收发以及保安人员的全天值班等功能需求，构思立意新颖、个性鲜明，设计定位准确。

2）根据以上内容，设计一个与大门连接的小型建筑体——传达室，以解决大门的主要功能。根据整体环境需要，在大门周边设计相应绿化及景观，如雕塑、喷泉、装置艺术等，以增强校区主入口的景观艺术氛围。

3）大门宽度要求在 30m 左右，传达室面积要求在 40m² 左右。

平面图如图 4.2.18 所示。

（2）制图要求。

设计方案以手绘的形式画在 2 张 2 号图纸内。

1）第一张图纸内容：

·整体大门及环境设计的总平面图。

·传达室内部空间的平面功能布局图。

·大门的立面图，要求比例、尺寸、材料标注规范详细。

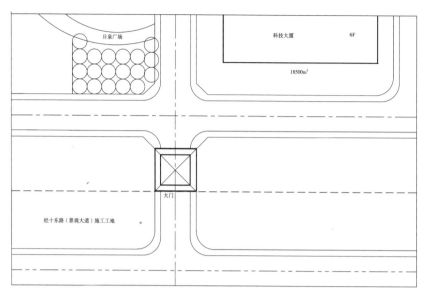

图 4.2.18 某大学新校区大门平面图

2）第二张图纸内容：

· 大门及传达室的整体色彩透视效果图。

· 大门内主要景观设计色彩透视效果图，如雕塑、喷泉、装置艺术等。

· 100 字以上的设计说明。

3. 时尚餐厅室内环境设计

（1）设计内容。

· 合理进行接待区、用餐区、操作间、卫生间等功能区域划分。

· 布置必要的家具及陈设，如服务台、桌子、坐椅、植物等。

· 根据上述功能要求，完成平面布局及其他设计要求。一层平面图如图 4.2.19 所示。

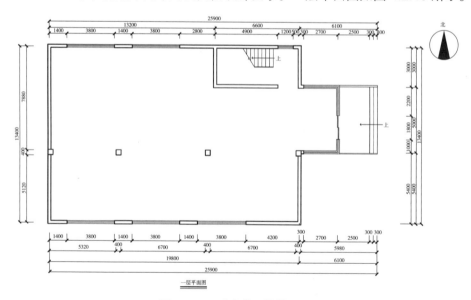

图 4.2.19 时尚餐一层平面图

（2）制图要求。

设计方案画在一张 A1 图纸内，内容包括：

· 平面图，比例自定。

· 顶棚图，主要包括顶棚造型设计及灯具布置，比例自定。

· 服务台平面图、立面图、剖面图，比例自定。

· 用餐区的色彩透视效果图。

· 100 字左右的设计说明。

4.3 作品赏析

实例 1

图 4.3.1 中总平面图充分考虑场地原有物的保留，造型体量组合有机，但立面缺少细部。整个画面色调较统一，但玻璃处理色调较沉闷，效果不佳。

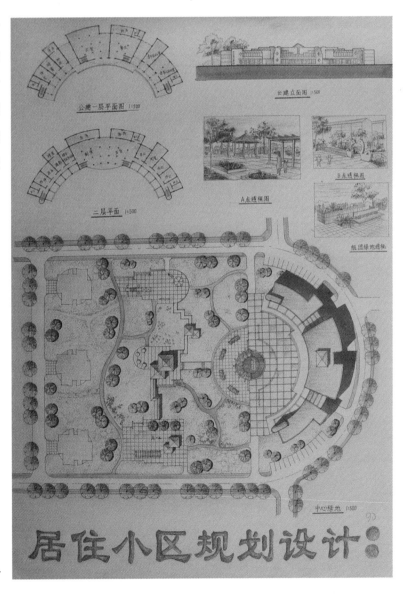

图 4.3.1 居住小区规划设计

实例 2

图 4.3.2 中平面功能布局合理，形式简洁，造型朴实，与环境结合良好。版面构图匀称，表现效果明快，平面图表现方法简练；透视图徒手线条功底娴熟、笔法老练，配景表现繁简有度、生动而灵活，但颜色较凌乱。

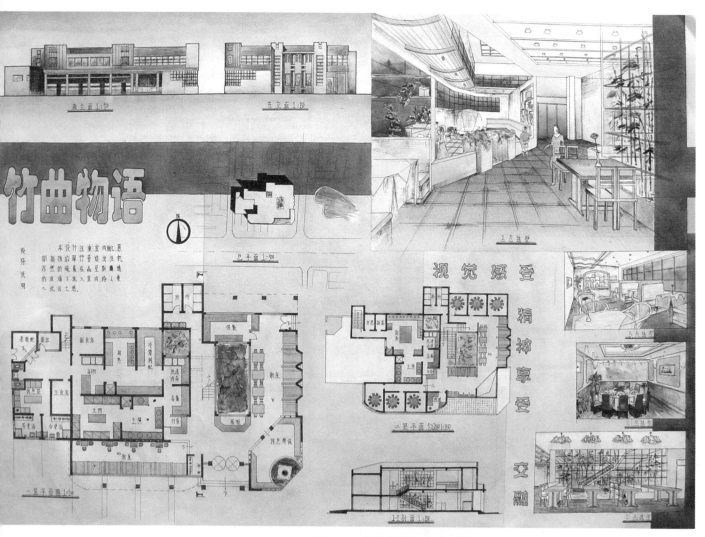

图 4.3.2　餐饮空间室内外环境设计

实例 3

图 4.3.3 中总平面图建筑体量较小，尺度把握较好，建筑物亲水性佳，但建筑布局欠活泼，与自然环境中的湖岸、道路结合较生硬；画面重彩效果强烈，用色大胆，技法娴熟，但总平面屋顶形式与透视不符。

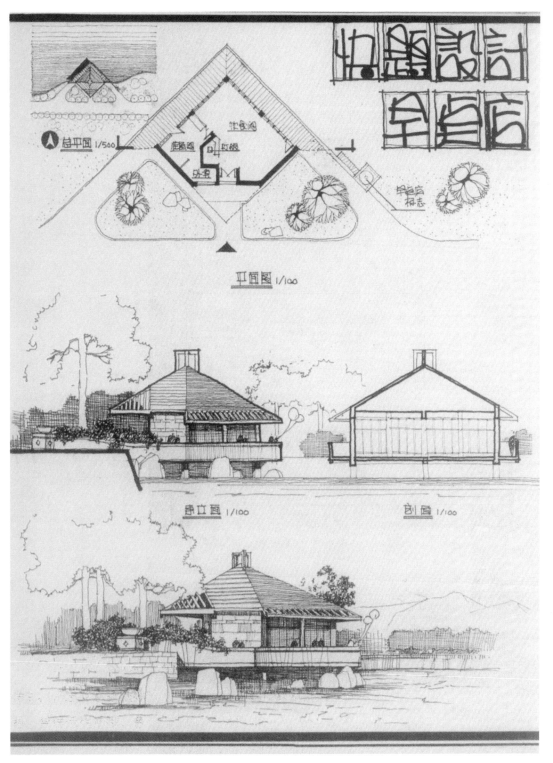

图 4.3.3　早点店建筑环境设计

实例 4

图 4.3.4 中建筑与自然山体相邻，架于山下，临湖而置。整个建筑形体和立面简洁大方。版面布局紧凑，构图匀称，钢笔线条流畅自如。立面用排线的方法配上淡彩，效果突出。透视图在纹理纸上完成，塑造建筑线条干净简练、画面整体、色调统一，但表现手法略显拘谨。

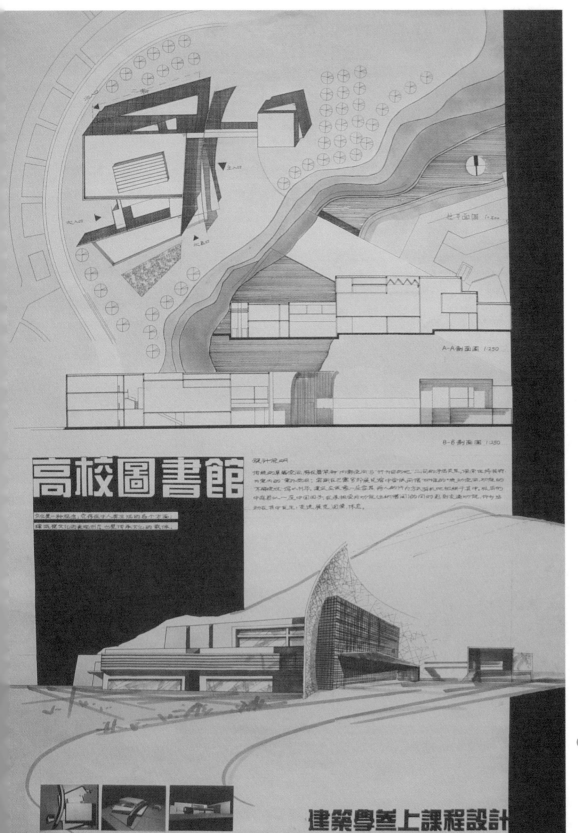

(a) 建筑形体大方，构图匀称

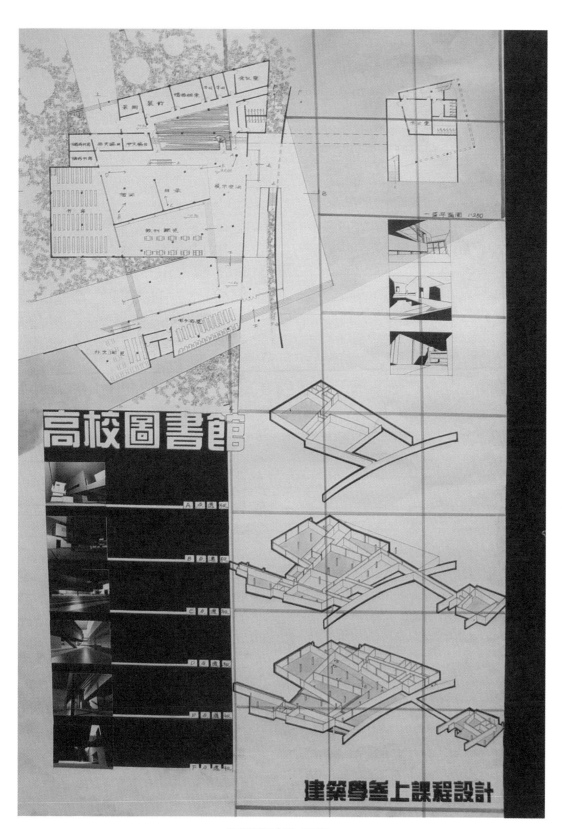

(b) 空间布局合理，画面统一

图 4.3.4（一） 图书馆建筑设计

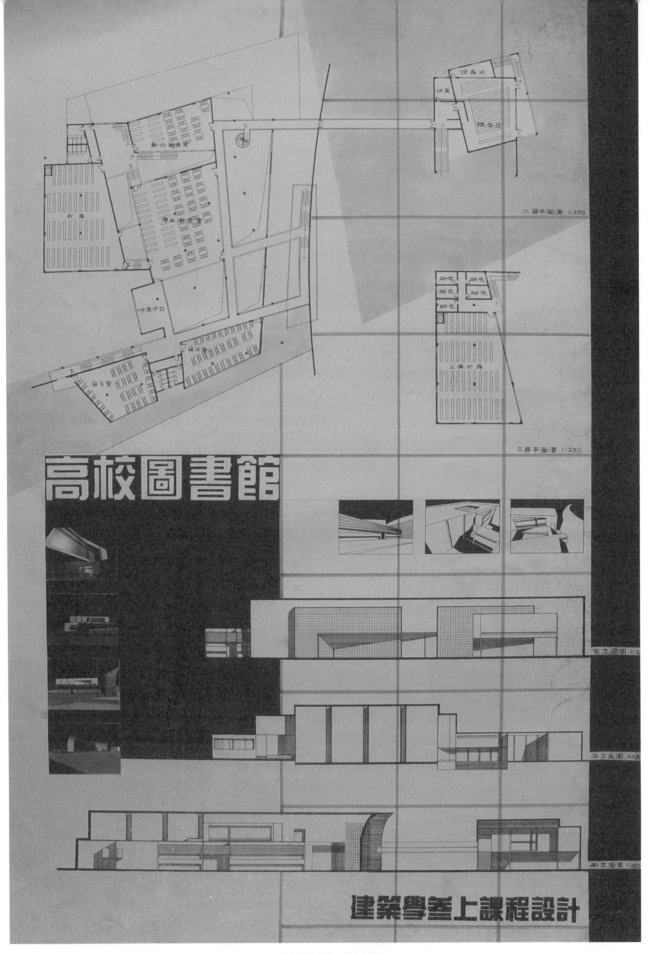

(c) 建筑立面大方，线条流畅

图 4.3.4（二） 图书馆建筑设计

实例 5

图 4.3.5 中平面形式活泼，与建筑个性吻合；体量与造型简洁大方，功能布局合理，分区明确。建筑物前配景增添了环境的趣味性。版面紧凑，平立剖面图的线条表现流畅，构图完整、匀称，重点突出。环境气氛表达充分。善于运用多种绘画工具，用色大胆，画面整体冲击力强，充分体现了作者较强的表现功底。

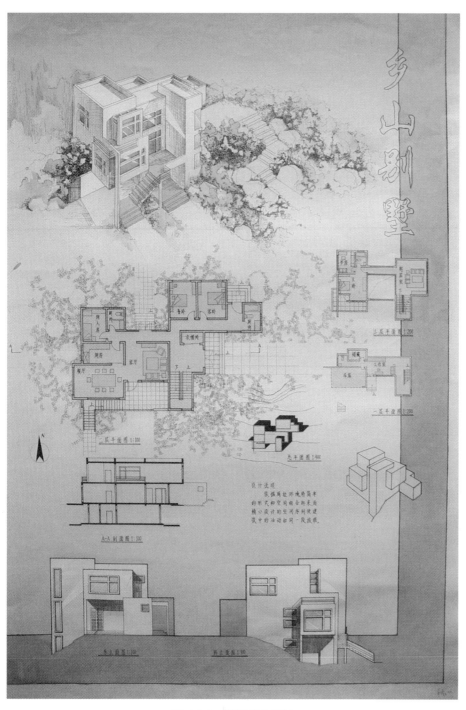

图 4.3.5　别墅建筑设计

实例 6

图 4.3.6 建筑形式上对于环境的考虑不明显，总平面图流线处理虽有所考虑，但入口处理欠佳，一二层各功能空间结合不紧密。整体构图比较统一，平面图因表现内容少而显得不够丰满。图面表现缺少主次，透视图过小，没有充分表现出建筑物的空间关系。整体表现过于简单、空荡。

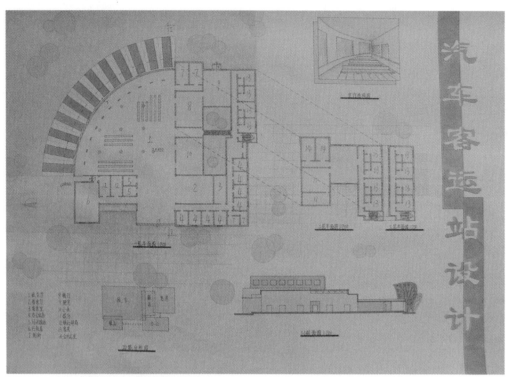

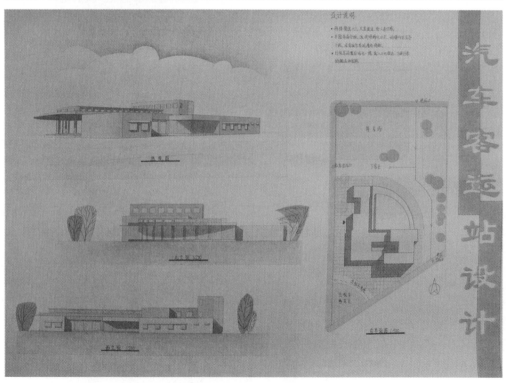

图 4.3.6　汽车客运站建筑设计

实例 7

图 4.3.7 所示方案的建筑立面采用较多的木栅和玻璃材料,与自然紧密交融,体现了一种生态的设计理念。此方案用钢笔技法来完成,运用点、线、面的表现手法来塑造形体,表达出材料的质感与建筑的空间层次关系。配景植物使画面生动透气,也填补了构图高度上的空缺,使画面完整。透视效果图用单色钢笔处理,主体建筑突出,画面素描关系强烈,体积感较强。画面动感十足,反映出作者一定的表现能力。

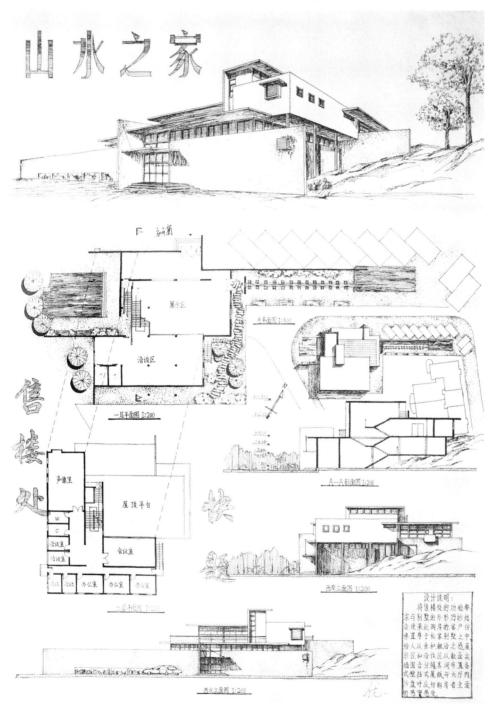

图 4.3.7　售楼处建筑设计

实例 8

图 4.3.8 画面构图完整统一，建筑物通过淡彩铺色表现，但缺乏重色，主次不分明。画面内容表达不够丰富，建筑物的形象过于平淡。近景的树木及地被的衔接与过渡表现得不够流畅。透视图表达失真。

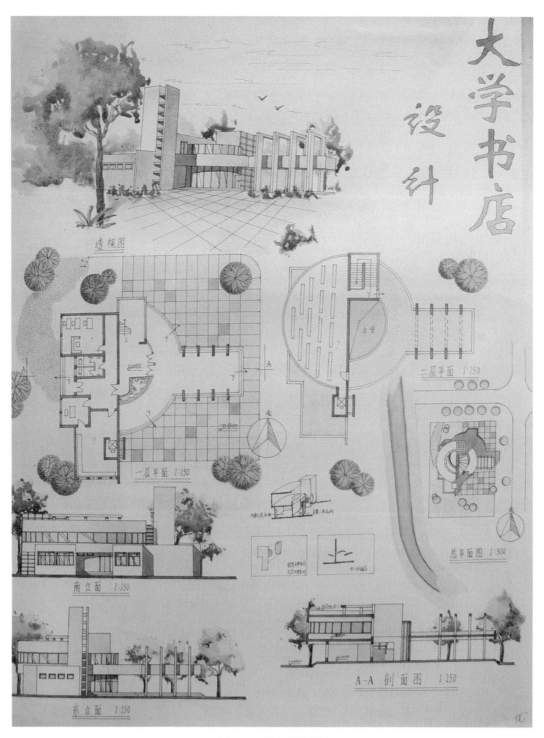

图 4.3.8　书店建筑设计

实例 9

图 4.3.9 方案构思新颖，作者以独特的造型和不同材质的强烈对比，充分表达出活跃的创作思维，建筑形态本身所蕴含的品位和建筑个性结合得体。钢笔线条娴熟而奔放不羁，流畅中有顿挫变化。建筑物形象表达的虚实关系、黑白衬托以及运笔的疏密与繁简，都处理得相当有功底。版面构图完整，立面黑、白、灰处理得当，空间层次丰富。添加植物配景丰富图面，使画面活跃饱满。

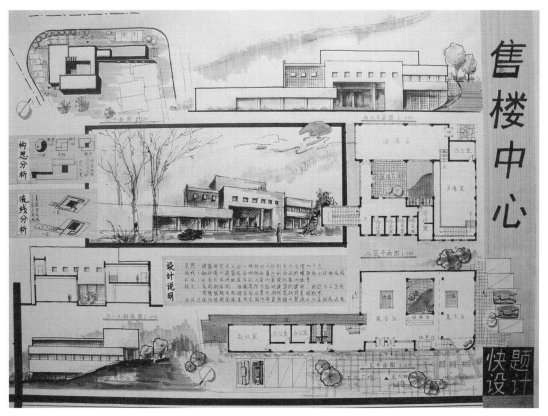

图 4.3.9　售楼中心建筑设计

实例 10

图 4.3.10 方案中平面功能将销售区与管理区分开，功能合理。造型处理过于建筑化，城市建筑小品的个性表现不足，但入口处的构架增添了趣味性。排版紧凑，构图匀称。马克笔色相与灰纸协调，徒手线条表现轻松；平面图的配景填补图面空白，但配景人物失真；透视图右侧近景树表现欠佳。

实例 11

图 4.3.11 方案设计和图面表达都很出色。透视图表现老练，塑造出了较强的体积感；材质表现准确，素描关系处理得当，明暗交错，画面硬朗，准确把握了快速设计的表现技巧；主次分明，构图紧凑合理。这是 L 形平面的一个典型实例，从平面图可以反映出建筑功能与形式并重的处理。

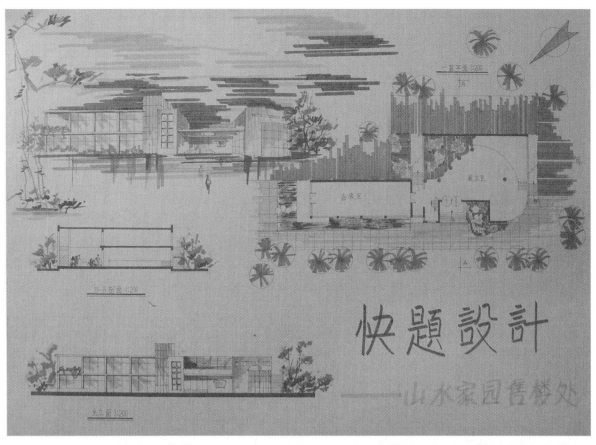

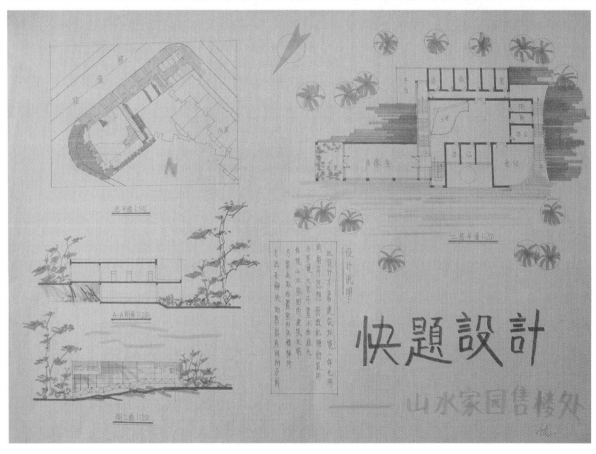

图 4.3.10　售楼处建筑设计

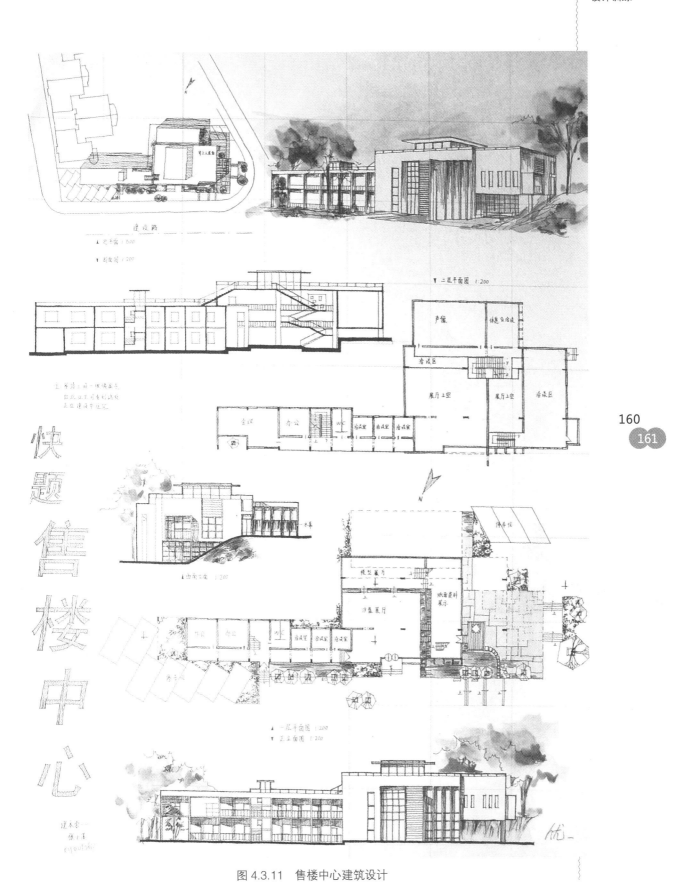

图 4.3.11　售楼中心建筑设计

实例 12

图 4.3.12 方案是特殊地形上的别墅设计，地势狭长，高差变化大，设计利用线性交通组织作出适应性的变化，营造出灵活、丰富的空间。通过马克笔塑造形体，表现质感，厚重坚实，体块感强。同时以立面图结合，表现恰到好处，通过配景烘托建筑，使建筑形象鲜明。

图 4.3.12　别墅建筑设计

实例 13

图 4.3.13 传达了清晰的设计思路。设计手法娴熟，发挥了马克笔快速表现的特点，布局有条理，使设计内容表达一目了然。构图中配景适当，色彩搭配舒适。但是图纸中结构表达不够清晰，构图主次不明。

实例 14

图 4.3.14 方案的平面设计简洁，建筑物造型轻盈，建筑立面黑、白、灰处理得当，注重了用线和植物的搭配，使立面层次丰富。透视效果图构图完整，主体突出，清晰有力。马克笔技法用笔大胆、快速而奔放，透视图体块分明，用色大胆。线条潇洒自如，疏密有致，图面动感十足。效果整体统一又不乏生动。

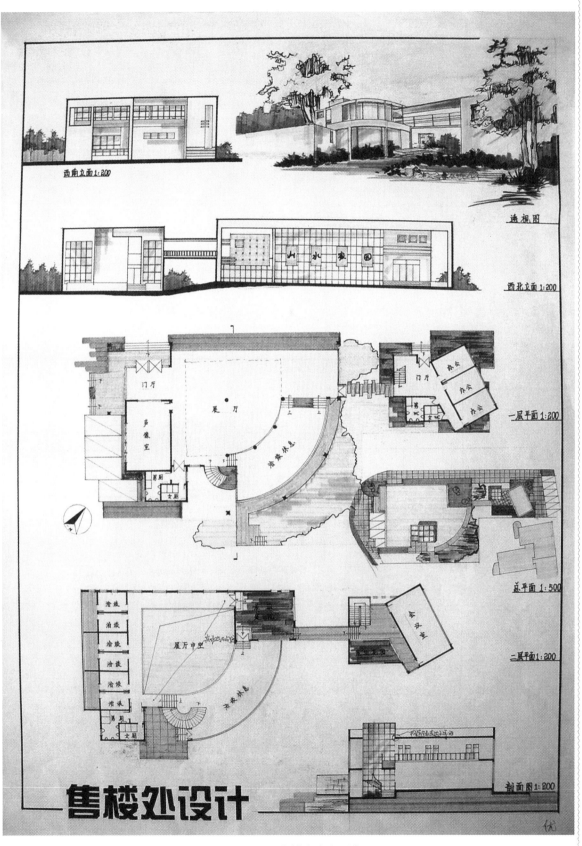

图 4.3.13 售楼处建筑设计

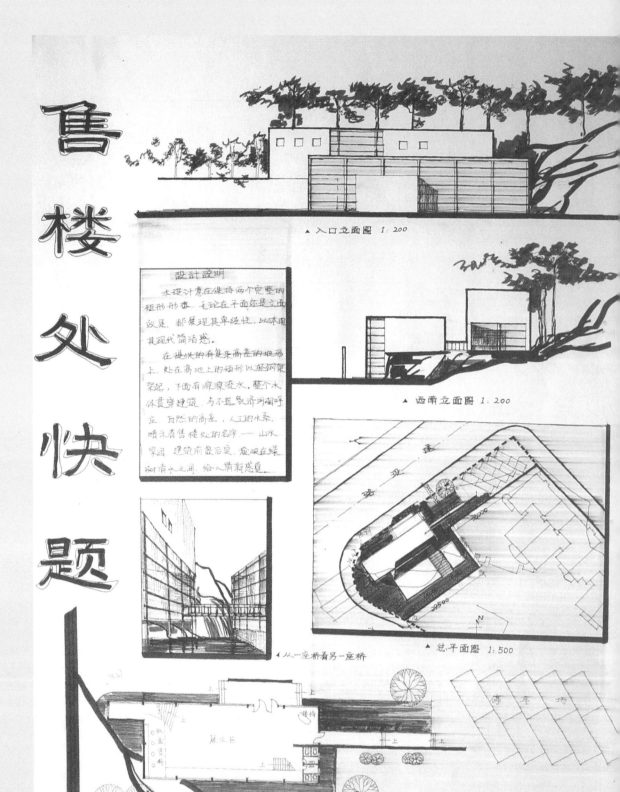

售楼处快题

入口立面图 1:200

西南立面图 1:200

总平面图 1:500

设计说明
本设计贵在保持两个完整的矩形形态。在论在平面还是立面效果，都展现其单纯性，以体现其现代简洁感。
在规块的布复其高差的块形上，处在高地上的矩形以框钢架架起，下面有源源流水，整个水体贯穿建筑，与不远处济河相呼应。自然的高差，人工的水系，暗示看售楼处的名字——山水家园。建筑前景后定，应映在绿树清水之间，给人清新感题。

从一座桥看另一座桥

停车场

1500屋坪平面图 1:200

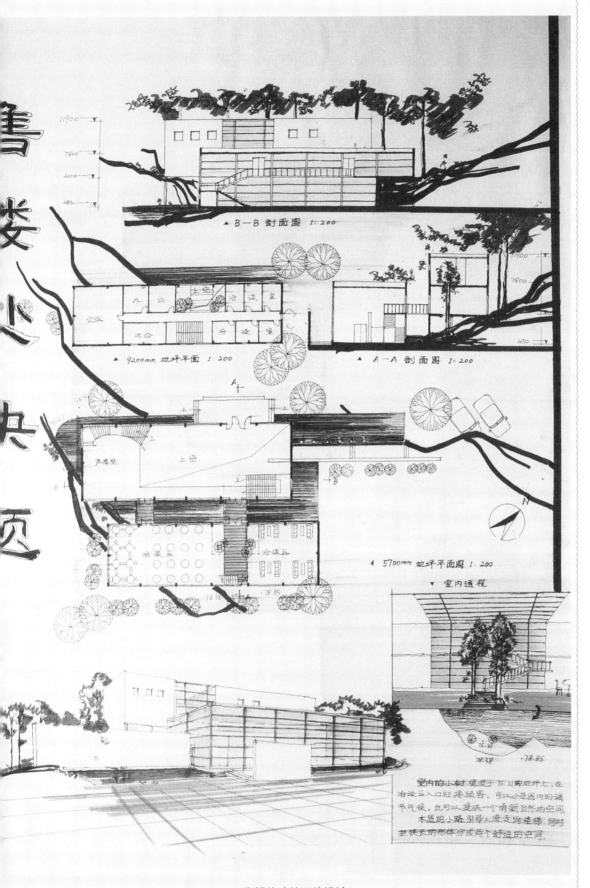

图 4.3.14 售楼处建筑环境设计

实例 15

图 4.3.15 中的建筑造型设计简洁，尺度把握较好，平面功能关系处理得当，基本符合功能要求；但大门尺度不够合理，开敞不足，与售楼处的建筑性质不够契合。表现图版面匀称，表现方法不拘谨。透视图表现真实、快速，高纯度的马克笔刷色使画面丰富而生动，配景表现手法娴熟，但涂色过重、过腻，造成配景要素较凌乱，影响了画面效果。

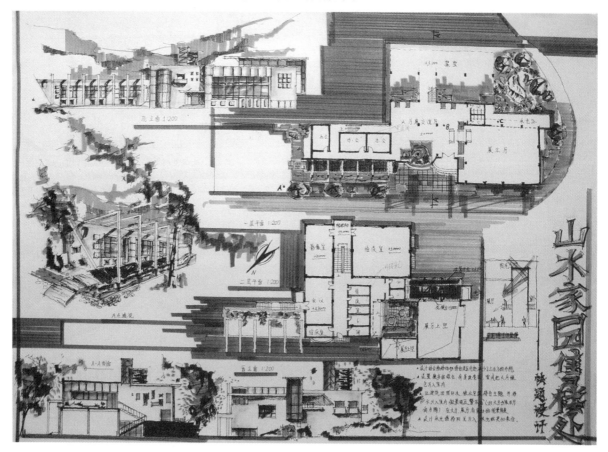

图 4.3.15 售楼处建筑设计

实例 16

图 4.3.16 反映出作者对方案设计和图纸表现均把握得轻松自如，在空间处理、交通组织及图面布置上也灵活自如，但局部缺少严谨的考虑，导致有些功能布局欠妥。色彩运用得当，画面效果统一。应当注意的是，在进行建筑设计表现时，表达的重点永远是建筑本身，而不是艳丽的色块与挥洒的线条。

实例 17

图 4.3.17 方案的建筑表现简练概括，建筑造型简洁明快，富有现代感，立面层次丰富，动静分区合理，交通流线组织科学。空间上追求室内外互融，内部空间互通，主次呼应。建筑实体组织有机，层次有序，与自然共生。画面表现方法简练，用色大胆，色彩效果强烈。透视图表现笔法老练，配景表现繁简有度，生动而灵活，但透视关系失真。

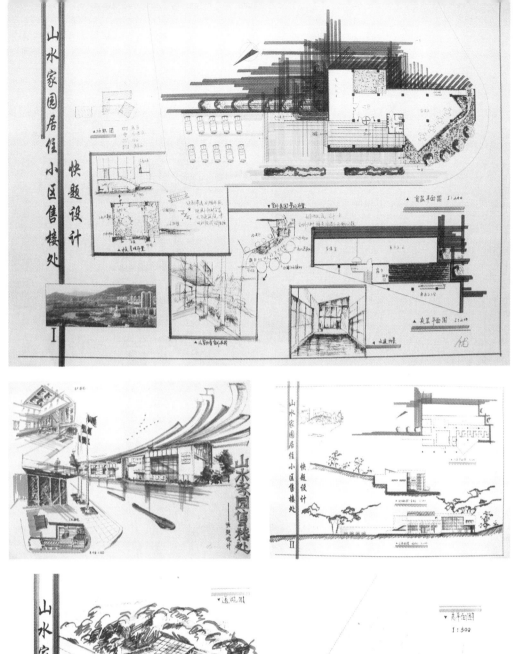

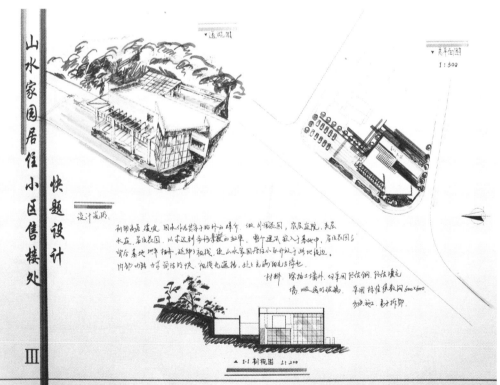

图 4.3.16　售楼处室内外环境设计

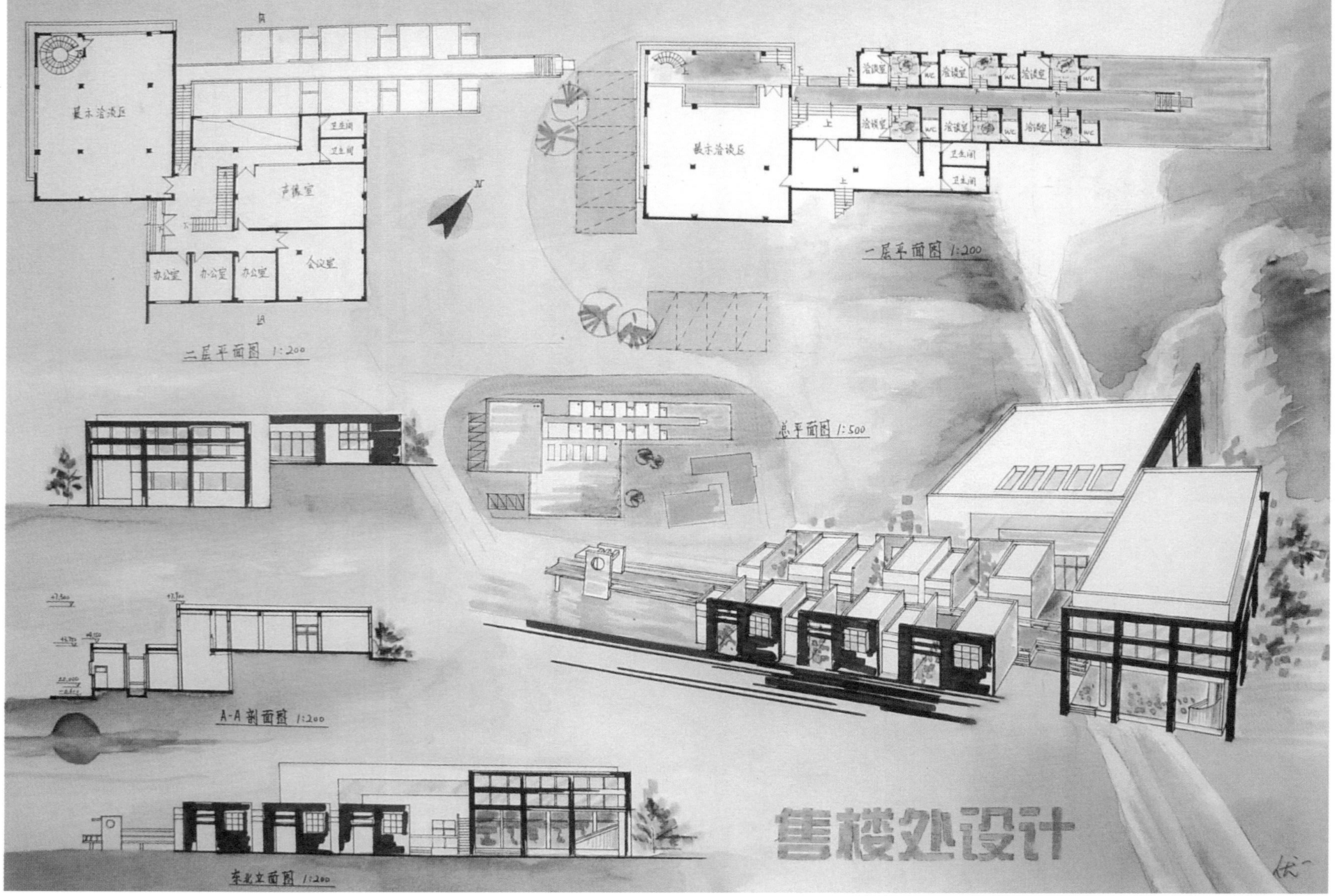

图 4.3.17 售楼处建筑设计

实例 18

图 4.3.18 方案考虑到水体等环境要素，并由此组织居住区空间规划结构，其景观组织结合地形，富有特色。方案功能布局合理，交通组织顺畅，适当考虑了人车分流，但绿地系统不够完整。图面表达完整，较好地表达了设计者的构思，总平面图内容表达深入，图底关系清晰，版面构图匀称，表现效果明快。

实例 19

图 4.3.19 方案通过局部的出挑使建筑伸入湖中，大面积朝向湖面的开窗设计将水面风光纳入建筑内部，这种模糊建筑与自然关系的处理手法营造了一个更加生态、人性化的生活环境。表现图画面简练概括，结构比例准确，钢笔线条疏密有致、清晰有力，透视图规矩而不拘谨；环境表现简练而不空荡，基本功较强；线条干劲洒脱，简繁有度；近景的树木处理得十分巧妙，使得构图富有情趣、形态丰富，反映了作者较强的表现组织能力。

实例 20

图 4.3.20 所示建筑的平面功能布局合理，分区明确，但造型过于平淡，缺乏城市小品建筑的尺度感和新颖感。画面线条流畅，马克笔浅灰色调淡雅，起到统一画面效果的作用，但版面构图过松，平面环境表现空荡，画面苍白。

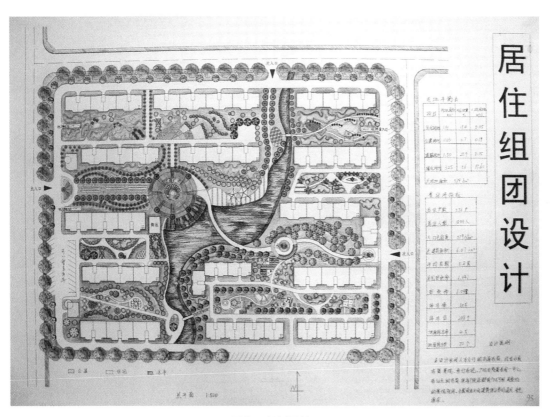

图 4.3.18　居住区规划设计

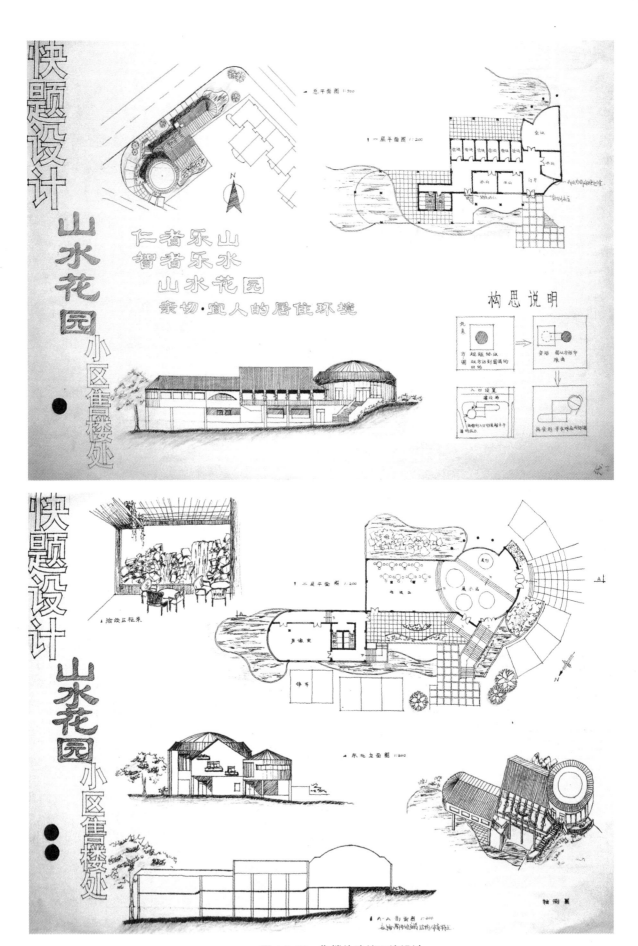

图 4.3.19 售楼处建筑环境设计

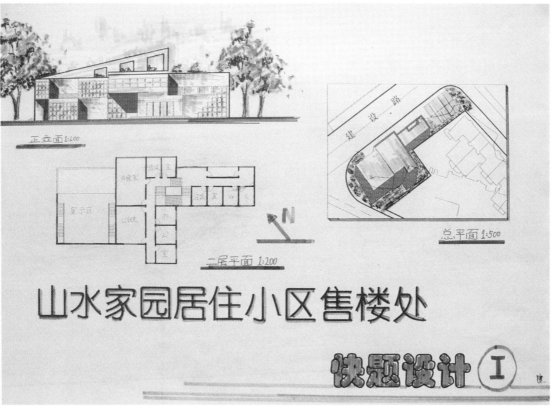

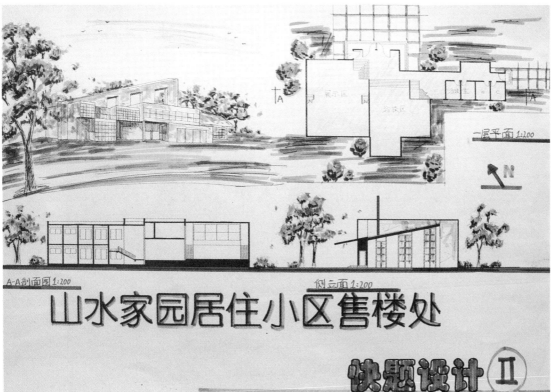

图 4.3.20　售楼处建筑设计

实例 21

图 4.3.21 所示建筑平面设计简洁，建筑物造型轻盈，但建筑尺度把握欠妥，影响了主体造型的统一完整。画幅版面构图紧凑，繁简有度。透视图画面表现完整，空间感强，配景内容丰富，表现娴熟，是单色表现的佳例。

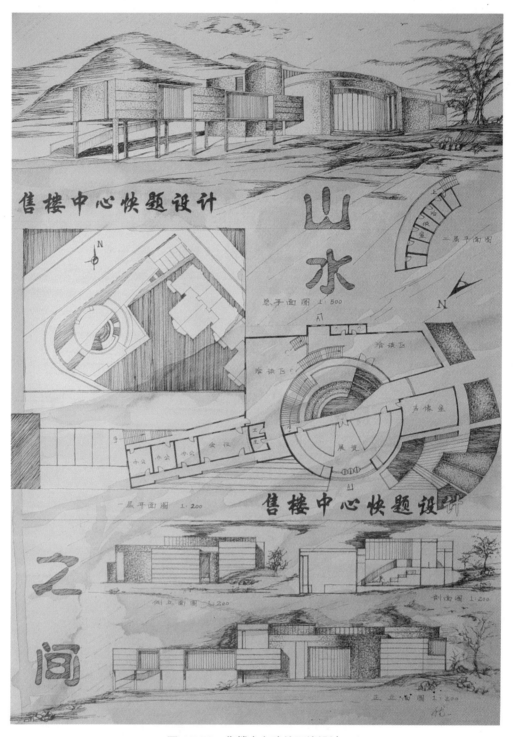

图 4.3.21　售楼中心建筑环境设计

实例 22

图 4.3.22 方案结合地块形态，在总体布局上采用传统轴线手法，各功能分区较为明确，构图完整，但画面表现主次不明确，尤其立面图表现欠佳，效果图的配景过于草率。

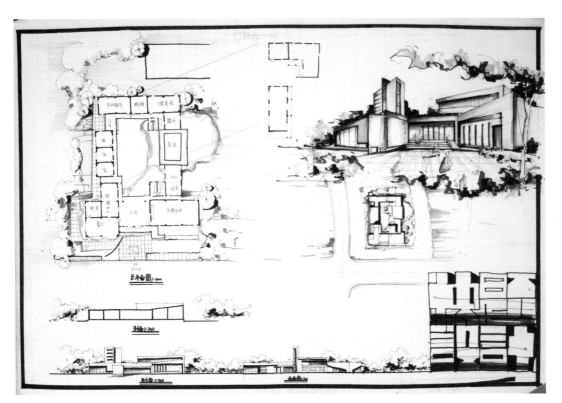

图 4.3.22　小区休闲中心建筑设计

实例 23

图 4.3.23 建筑表现快速、放松，主次分明，表现了很好的形体虚实关系。窗框用较粗的墨线局部强调，使建筑细部表现更加生动。彩铅着色细腻，色彩统一中有对比，重点突出，技法简练。但环境表现过于草率，与建筑物在空间上没有拉开距离，削弱了画面的表现力。

实例 24

图 4.3.24 建筑立面造型简洁，总平面建筑形态与地形及其周边环境相吻合，组合有机；平面功能分区合理，各得其所，但厕所较小，不能满足功能需求。图纸版面构图匀称、紧凑而有秩序，构图手法娴熟；表现深度恰当，画面疏密有致，但色彩不够饱和，又无配景衬托，使画面缺乏感染力。

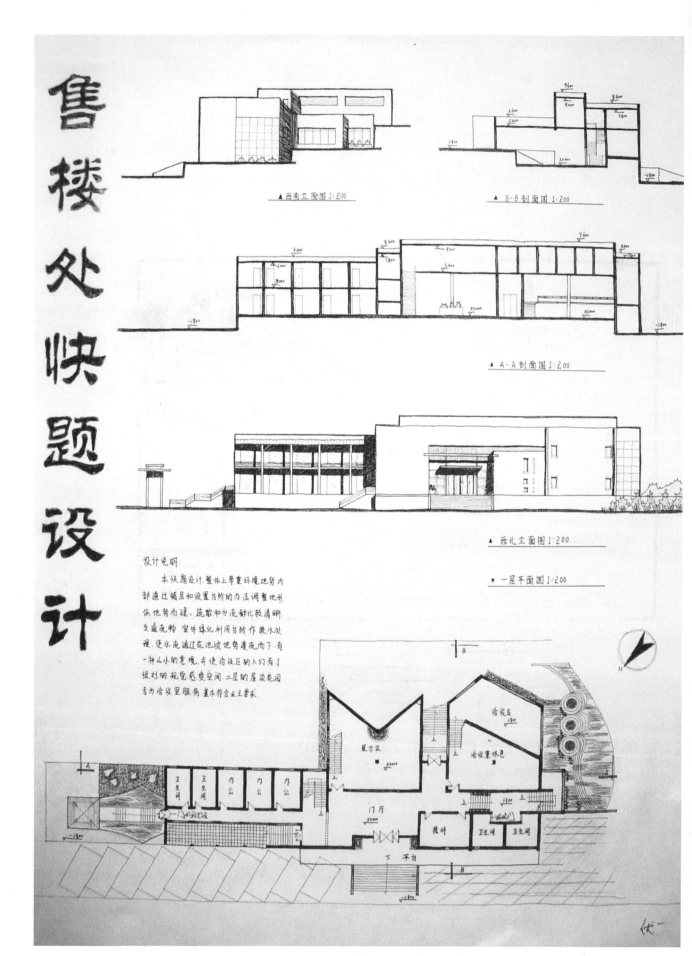

图 4.3.23　售楼处建筑设计

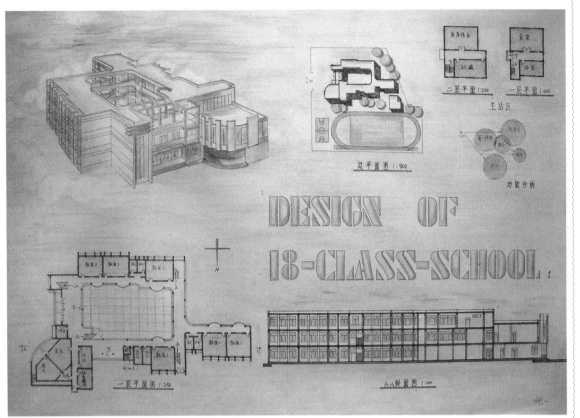

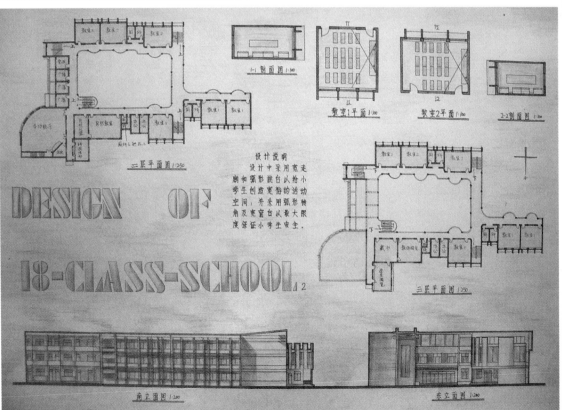

图 4.3.24　小学教学楼建筑设计

实例 25

图 4.3.25 建筑造型简洁，通过出檐构架所产生的光影关系丰富了建筑的细部，但形体关系稍显简单。平面布局形式简练，功能关系基本合理。图纸版面匀称，表现方法不拘谨，图面表达清晰，但配景过于简单，透视图缺乏光影变化，不够生动。

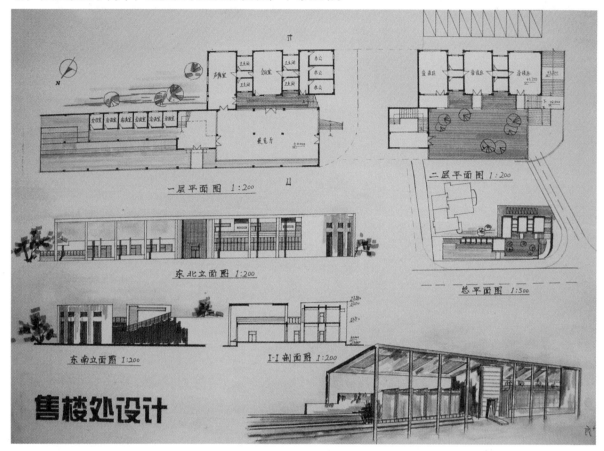

图 4.3.25　售楼处建筑设计

实例 26

图 4.3.26 版面竖向构图，图纸内容布局匀称；线条技法熟练，规矩但不僵化，立面线条的变化很好地表现了建筑物的空间层次关系，特别是南立面以重笔勾勒门窗框，光影效果生动；配景巧妙填补图纸空白，画面充实完整。

实例 27

图 4.3.27 建筑平面功能布局合理，顾客流线与送餐流线组织有序；立面设计丰富，具有一定的文化品位。图纸构图完整匀称、重点突出，且内容翔实、表现丰富、图面饱满。平面图、立面图、剖面图的线条表现流畅，环境气氛表达充分。以纸色统一画面，使版面整体感强。透视图表现上乘，一气呵成。

实例 28

图 4.3.28 建筑造型设计新颖，形体组合错落有致，平面功能布局合理，顺应地形而形成的入

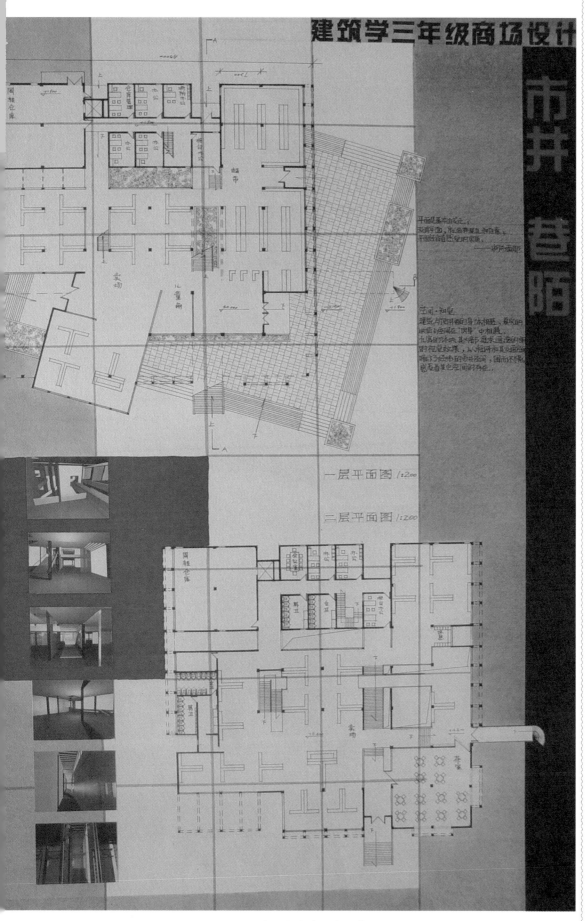

图 4.3.26（一） 商场室内外环境设计

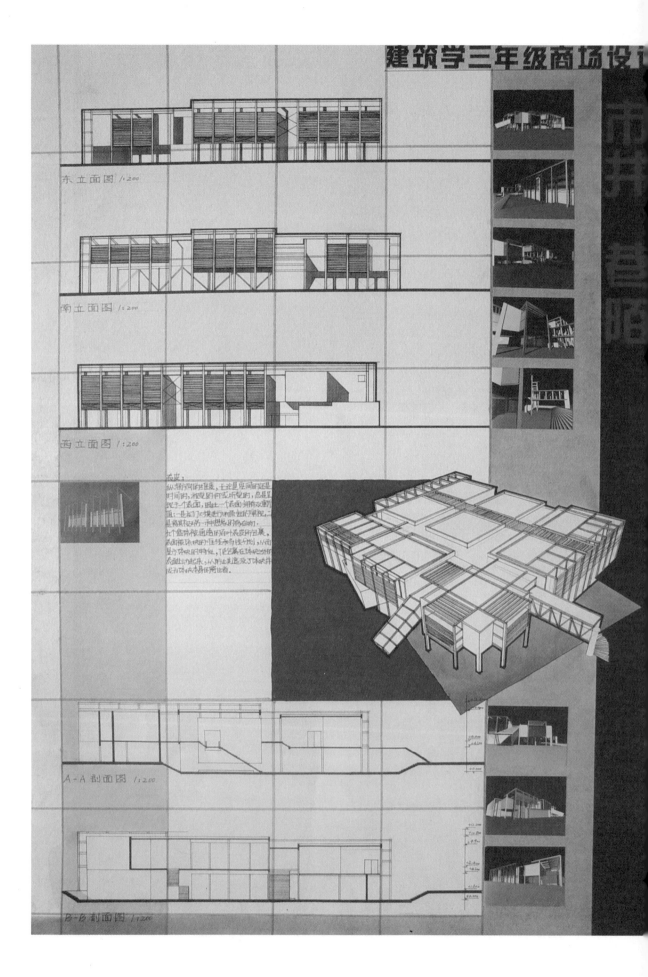

东立面图 /:200

南立面图 /:200

西立面图 /:200

A-A 剖面图 /:200

B-B 剖面图 /:200

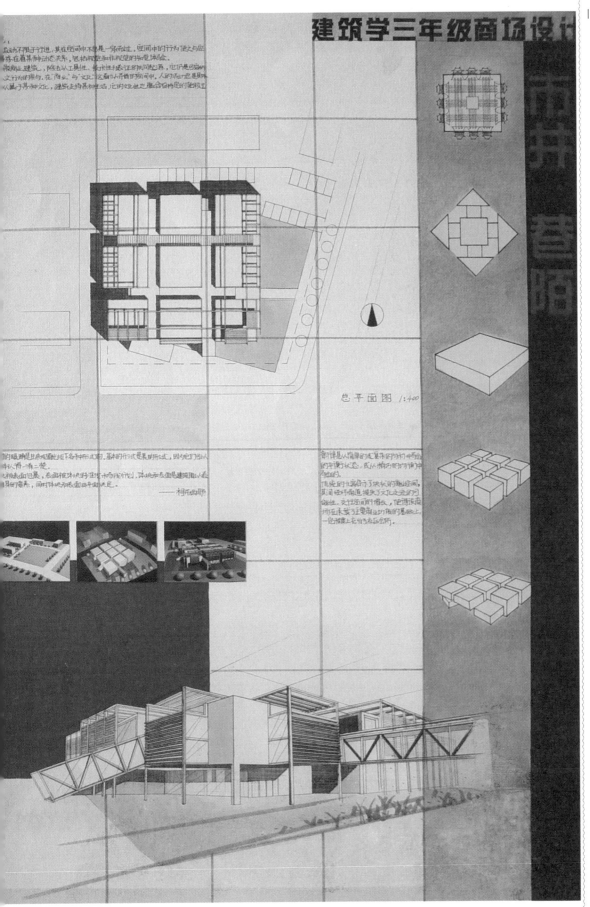

图 4.3.26（二） 商场室内外环境设计

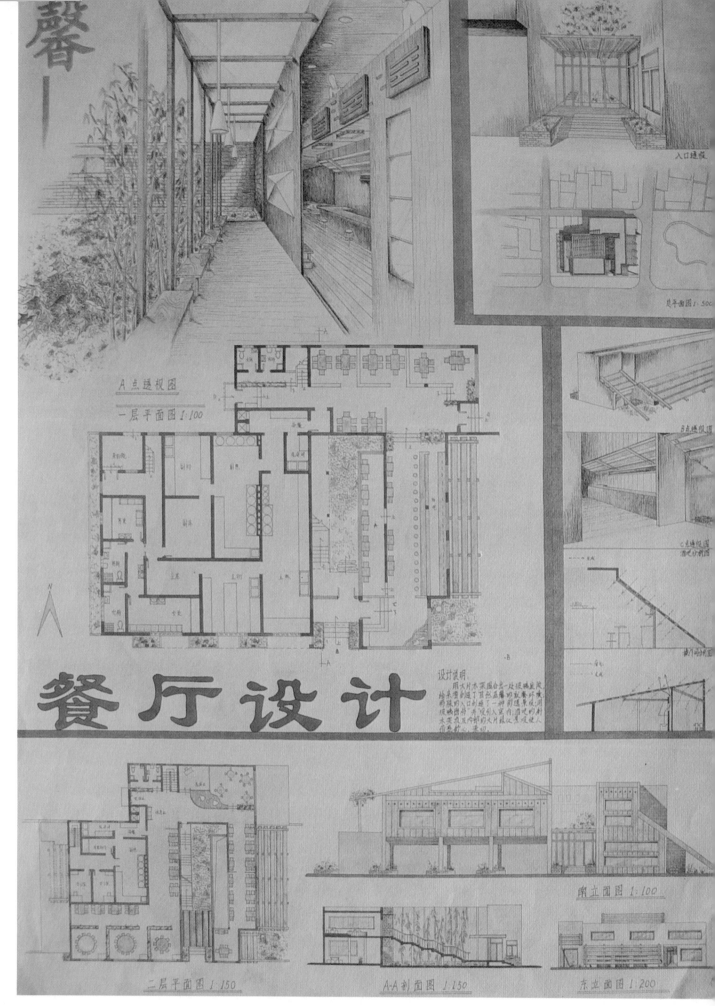

图 4.3.27　餐厅室内外环境设计

口对迎合人流起到导向作用。内院景观形成较好的室内环境气氛。图纸版面构图匀称、紧凑，表现娴熟，并且图底色彩与各图形衬托关系较好，色调统一中有变化，着色放松；透视图黑、白、灰层次丰富，重点突出，表现生动。

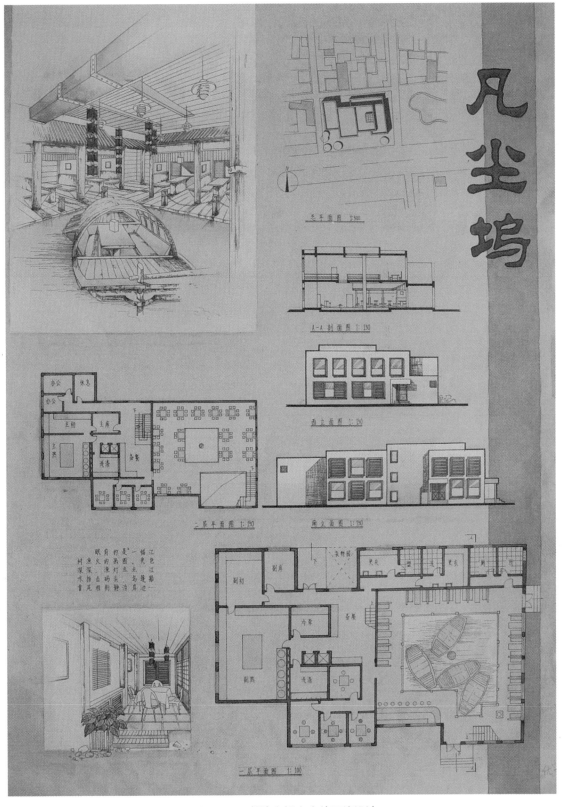

图 4.3.28　餐饮空间室内外环境设计

实例 29

图 4.3.29 为网格法构图，内部分别由成组的小图块组成，平立面表现精彩，设计深度恰当。表现时以水彩为主，立面图与效果图也主要通过水彩铺色来区分体块，各部分间又通过色彩和线条强化了相互间的联系，使得画面统一又不失变化，内容清晰易读、符合逻辑；灰色块使图面具有一定风格。值得肯定的是，作者明确提出方案构思，大胆表达自己的设计理念，在考试中这样做很容易露出锋芒，让阅卷人把握设计者的思路，但必须保证方案本身的质量，否则所谓的"构思"只会弄巧成拙。

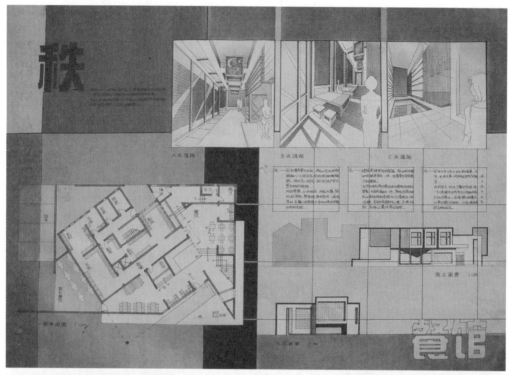

图 4.3.29　餐馆室内外环境设计

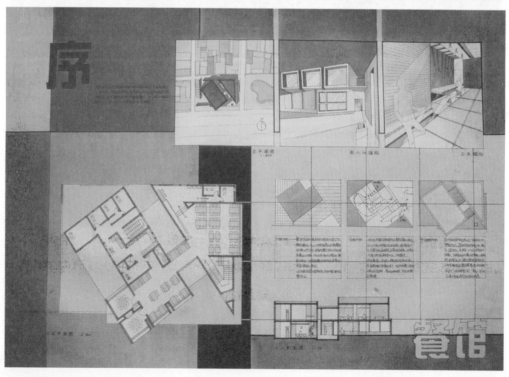

实例 30

图 4.3.30 建筑平面功能设计合理，营业区空间完整；建筑造型简洁，立面通透，唯有大门的开口方向欠妥。图纸版面构图匀称，排版紧凑；钢笔线条着意表现建筑物本身，细部表现生动，对比强烈；版面中央的说明文字联系了图面左右部分的内容，使画面统一且条理清晰，但配景表现不足，没能很好地突出建筑主体。

图 4.3.30　售楼处建筑设计

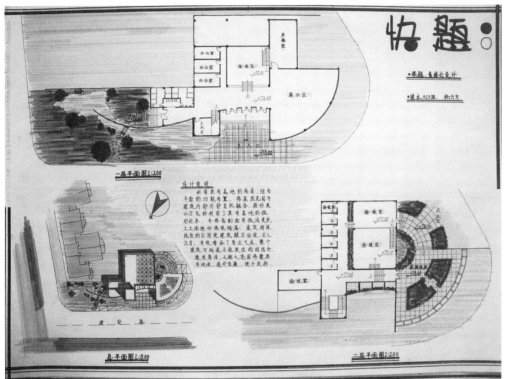

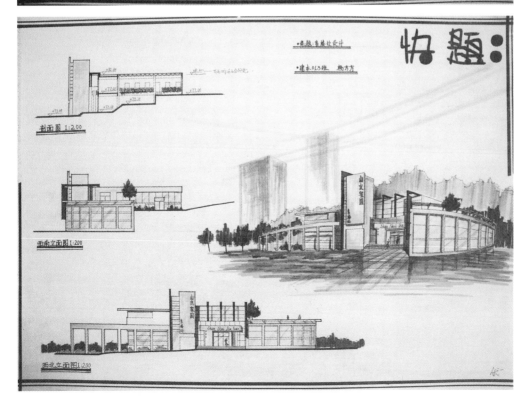

实例 31

图 4.3.31 图纸内容翔实，图面饱满，设计过程表达清楚，思路明晰。但局部变化太多，使方案过于零碎，同时图面效果不响亮，色彩搭配欠推敲。

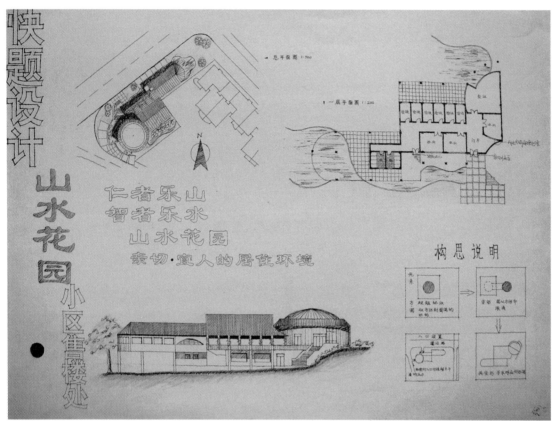

图 4.3.31　售楼处建筑环境设计

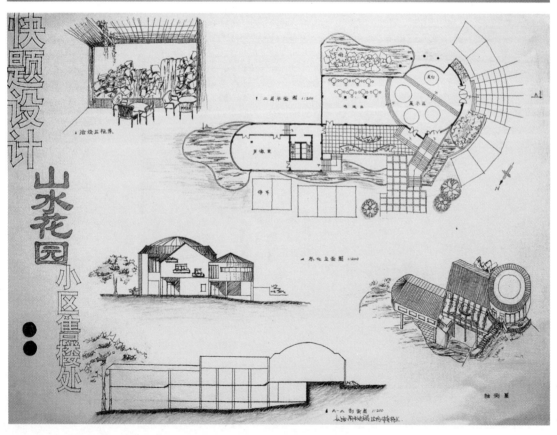

实例 32

图 4.3.32 建筑平面形式活泼，与建筑个性吻合；形体简洁大方，功能布局合理，分区明确；建筑物前配景增添了环境的趣味性。图纸版面构图均衡，钢笔线条流畅。平面图中打格铺灰面，避免了平面图中因线条少而显得空荡的弊端。透视图表现生动，手法娴熟，但配景表现欠佳。

图 4.3.32　餐饮空间室内外环境设计

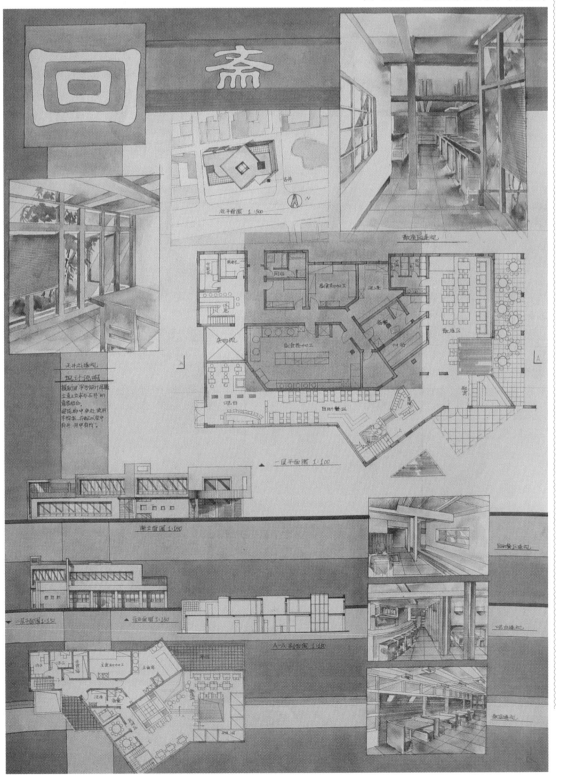

实例 33

图 4.3.33 设计手法干净利落，表现洗练；平立面对位关系清楚；利用线形变化给简洁的图面带来魅力；布图一目了然，条理清晰，使设计内容容易被理解；局部的高纯度色块运用得当，活跃了图面气氛。版面横向构图，图纸内容布局匀称。立面线条等级有别，较好地表现了建筑物的空间层次关系。

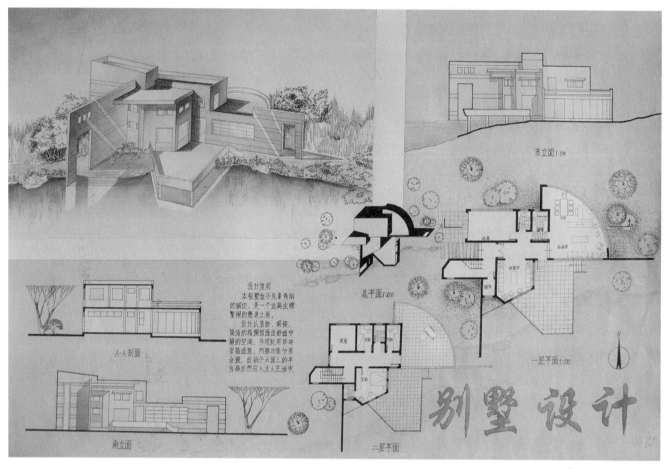

图 4.3.33　别墅建筑设计

实例 34

图 4.3.34 总平面设计以"方"的组合构成建筑布局，图底关系较好。建筑功能分层布局合理，造型简洁中有细部处理。版面构图匀称、紧凑；线条流畅，运用光影表现的优势，使空间层次丰富，点缀几笔色彩使画面更为生动。但环境表现较潦草，配景不佳。

实例 35

图 4.3.35 总平面布局与周边环境和谐，结合有机；主入口后退有利迎合人流和集散。平面功能分区合理，锯齿形的营业区不仅为室内空间增添了韵律感，而且使室外空间形态丰富。版面排版紧凑、均衡。钢笔线条清晰，一层平面室外表现丰富，有利于衬托主图。缺点是：透视图缺少细部表现，效果逊色；平面图标注有问题。

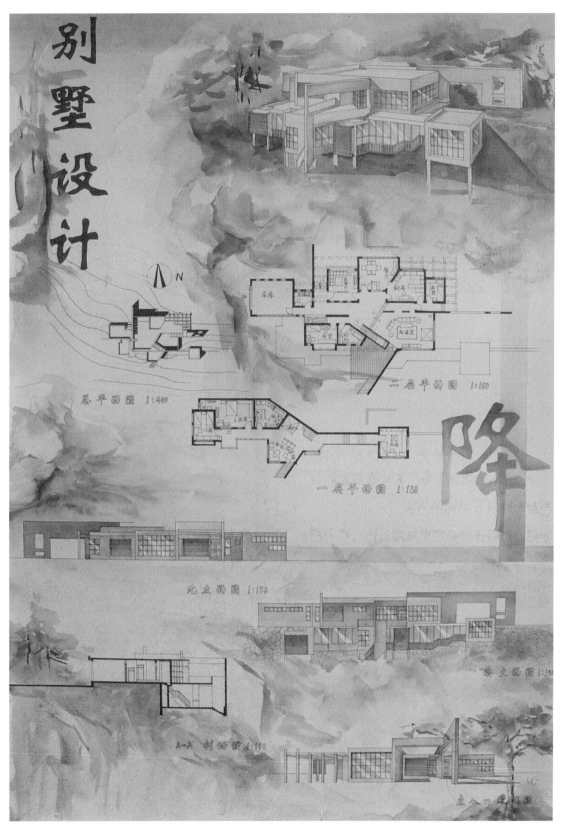

图 4.3.34　别墅建筑设计

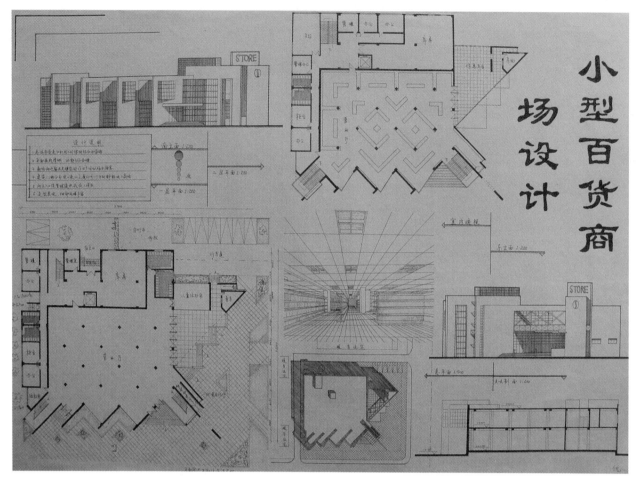

图 4.3.35　小型百货商场建筑设计

实例 36

图 4.3.36 方案构思新颖，造型独特，充分表达出活跃的创作思维；钢笔线条相当娴熟，奔放不羁。建筑形象的虚实关系、黑白衬托以及运笔的疏密繁简，都表现得相当有功底。版面构图完整，立面黑、白、灰处理得当，空间层次丰富。缺点是：配景表现较弱，使画面不够饱满；剖面图未能交待结构体系特点。

实例 37

图 4.3.37 方案构图协调统一，布局合理，平面图很好地表达了与周边环境的关系，建筑立面黑白灰处理得当，空间穿插灵活生动；透视图用色淡雅，但配景中人物、树木等表达欠考究。

实例 38

图 4.3.38 方案建筑平面布局简练概括，建筑造型简洁明快，实体组织合理，层次有序，但形式和手法过于简单呆板，室内外空间欠缺联系。色彩表现轻松明快，配景的表现渲染得透气生动，主体建筑褪晕变化生动；用色彩图底关系来交代建筑与周边环境的紧密关系，使面图表现个性十足；建筑立面线条流畅，结构比例准确，阴影关系刻画得生动细致，充分表现了建筑结构关系。

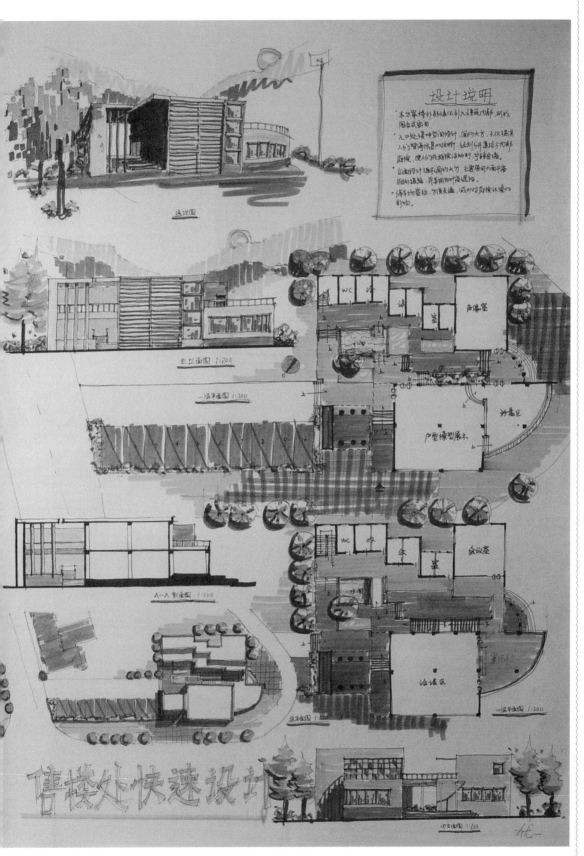

图 4.3.36　售楼处建筑设计

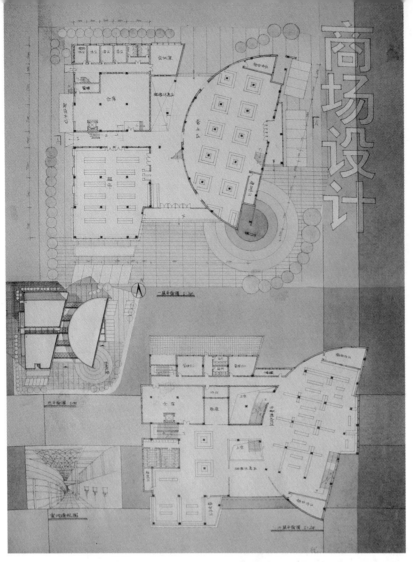

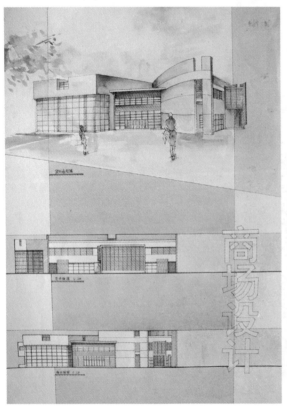

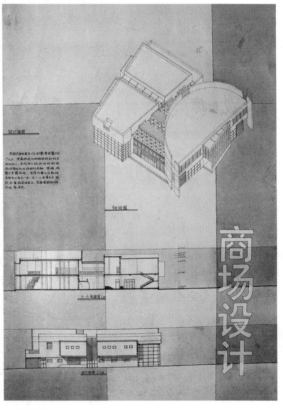

图 4.3.37　商场建筑设计

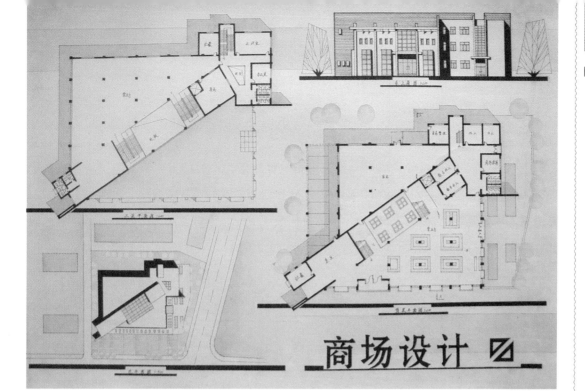

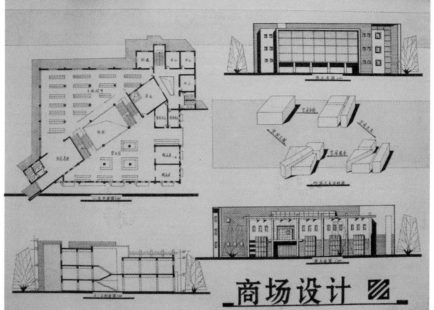

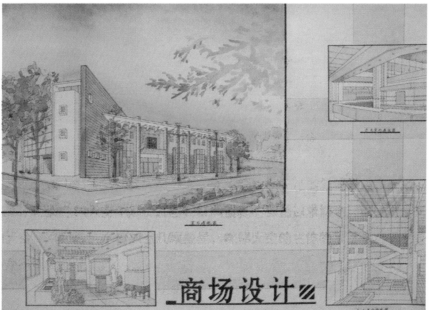

图 4.3.38 商场
室内外环境设计

实例 39

图 4.3.39 方案平面功能关系处理尚好，建筑造型设计简洁，尺度把握得当，坡屋顶形式虽符合建筑性质，但显得过于拘谨。图面版面匀称，表现轻松自如，唯有透视图表现角度欠妥，各种关系交代不够清楚。配景表现对环境渲染充分，但近景树表现欠佳，破坏了画面的统一效果。总体表现不够响亮，略显平淡。

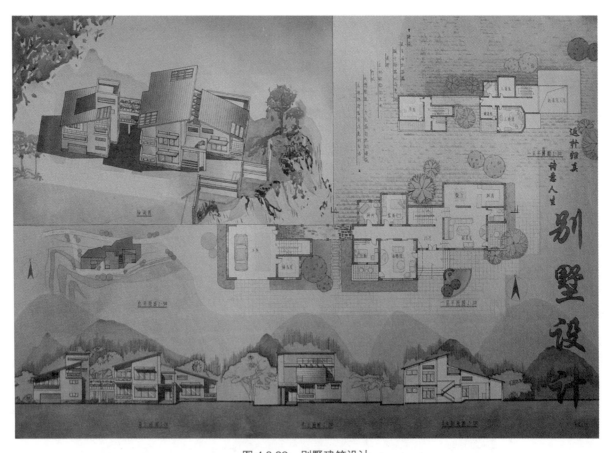

图 4.3.39　别墅建筑设计

实例 40

图 4.3.40 方案平面功能分区欠合理，总平面图流线有误，房间和流线安排混乱，大的空间把握欠妥。整个画面色调较统一，但平立面没有对应关系，图面缺乏亮点，较沉闷。线条表现尚好，只是配景表现较单调，整体效果过于平淡。

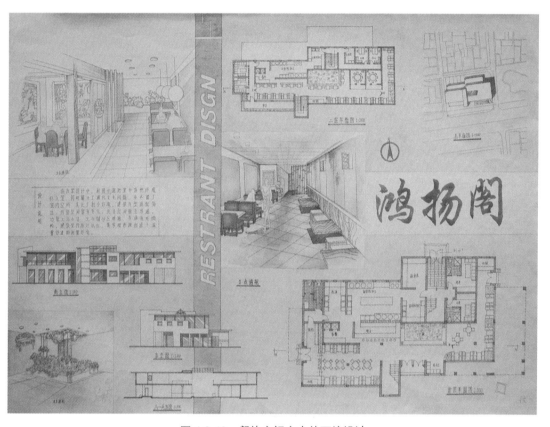

图 4.3.40　餐饮空间室内外环境设计

参 考 文 献

[1] 麦克尔·E. 柯南道尔. 美国建筑师表现图绘制标准培训教程 [M]. 2 版. 北京：机械工业出版社，2004.

[2] 来增祥，陆震纬. 室内设计原理：上册 [M]. 北京：中国建筑工业出版社，1996.

[3] 马克辛，吴面槐. 环境艺术设计手册 [M]. 沈阳：辽宁美术出版社，1999.

[4] 郭去尘. 郭去尘室内设计表现图集 [M]. 济南：山东美术出版社，1997.

[5] 李咏絮，梁展翔. 设计表现技法 [M]. 上海：上海人民美术出版社，2004.

[6] 夏克梁. 建筑画——麦克笔表现 [M]. 南京：东南大学出版社，2004.

[7] 李岳岩，周文霞，赵宇，等. 快速建筑设计与表现 [M]. 北京：中国建材工业出版社，2006.

[8] 张炜，周勃，吴志锋. 室内设计表现技法 [M]. 北京：中国电力出版社，2007.

[9] 朱明健，粟丹倪，周艳，等. 室内外设计思维与表达 [M]. 武汉：湖北美术出版社，2002.

[10] 陈伟. 马克笔的景观世界 [M]. 南京：东南大学出版社，2005.

[11] Gordon Grice. 建筑表现艺术 ③ [M]. 天津：天津大学出版社，2000.

[12] Gordon Grice. ARCHITECTURAL [M]. RWP/RP Elite Editions Resource World Publications, Inc. Rockport Publishers, Inc.